INFORMATION

信息技术
（基础模块）
XINXI JISHU　JICHU MOKUAI

主　编　廖晓峰　武春岭

副主编　王璐烽　曹小平　别　牧

　　　　刘　宇　岳守春

参　编　何桂兰　张文静　钟芙蓉

　　　　郑炜琳　魏绍芬　张春燕

　　　　李　聪　张莉莉

重庆大学出版社

─── 内容提要 ───

　　本书以信息技术为主线，以办公软件操作过程与应用为主体，结合具体的任务实例编写而成，以培养学生信息素养和实际操作能力为目的。具体内容包括以下 6 个项目：文档处理、电子表格处理、演示文稿的制作、信息检索、新一代信息技术概述、信息素养与社会责任。

　　本书逻辑严谨、叙述清晰、技术实用，可作为高职高专的信息技术基础课程教材，也可作为信息技术爱好者的学习和参考用书。

图书在版编目（CIP）数据

信息技术：基础模块/廖晓峰，武春岭主编. --
重庆：重庆大学出版社，2024.1
ISBN 978-7-5689-4113-6

Ⅰ.①信…　Ⅱ.①廖…②武…　Ⅲ.①电子计算机—
教材　Ⅳ.①TP3

中国版本图书馆 CIP 数据核字（2023）第161152号

信息技术（基础模块）

主　编　廖晓峰　武春岭
副主编　王璐烨　曹小平　别　牧
　　　　刘　宇　岳守春
参　编　何桂兰　张文静　钟芙蓉
　　　　郑炜琳　魏绍芬　张春燕
　　　　李　聪　张莉莉
策划编辑：鲁　黎
责任编辑：秦旖旎　　版式设计：鲁　黎
责任校对：王　倩　责任印制：张　策

*

重庆大学出版社出版发行
出版人：陈晓阳
社址：重庆市沙坪坝区大学城西路 21 号
邮编：401331
电话：（023）88617190　88617185（中小学）
传真：（023）88617186　88617166
网址：http://www.cqup.com.cn
邮箱：fxk@cqup.com.cn（营销中心）
全国新华书店经销
重庆长虹印务有限公司印刷

*

开本：787mm×1092mm　1/16　印张：17　字数：335 千
2024 年 1 月第 1 版　　2024 年 1 月第 1 次印刷
ISBN 978-7-5689-4113-6　定价：45.00 元

本书如有印刷、装订等质量问题，本社负责调换

版权所有，请勿擅自翻印和用本书
制作各类出版物及配套用书，违者必究

前　言

当前，新一代网络信息技术革命席卷全球，已广泛渗透到经济、社会、文化、生态等领域，成为推动社会生产力发展和经济增长的重要因素。

信息技术改变着社会的产业结构和生产方式，同时也对人类的思想观念、思维方式和生活方式产生了重大而深远的影响。而提高国民信息素养，增强个人在信息社会中的适应能力和创造力，对个人的生活、学习和工作，对全面建设社会主义现代化强国具有重要意义。因此，在信息技术在社会各个领域不断得到应用和发展的同时，教育教学领域也应不断深化。党的二十大报告提出，加快建设制造强国、质量强国、航天强国、交通强国、网络强国、数字中国。展望未来，网络强国建设的伟大实践，将沿着全面建设社会主义现代化国家的新征程一路前行，奋力谱写新的精彩篇章。

《高等职业教育专科信息技术课程标准（2021年版）》（以下简称《课标》）就是在这种背景下由教育部组织制定并实施的。《课标》确定了信息技术课程的性质与任务、学科核心素养与课程目标，明确了课程结构、课程内容、学业质量和课程实施方案。通过对基础知识与基本技能的学习，学生可增强信息意识、培养计算思维、提高适应职业发展的信息能力与创新能力。

本书内容及学时分配建议如下。

单　元	学　时
文档处理	16
电子表格处理	16
演示文稿的制作	12
信息检索	8
新一代信息技术概述	12
信息素养与社会责任	6
合　计	70

本书具有以下特点。

（1）以价值为导向，以育人为目标

依据该课程内容体系和育人功能的要求及特点，结合本书案例、配套教学资源、课堂教学等，综合运用多种载体形式，融入了大国工匠精神、红岩精神、民族自立自强的爱国情怀等与课程内容紧密联系的课程思政元素，教育和引导学生通过学习、实践、体验、感悟等形式，进一步增强对党的领导的认知和认同感，提升为党育人、为国育才的效果。

（2）以教育为导向，以学习为核心

按照"以学生为中心、以学习成果为导向"思路进行开发设计，弱化"教学材料"的特征，强化"学习资料"的功能。加强课程教育的实践性、时效性、价值性，将教学知识融于具体的实际操作中。这不仅突出了操作性教学的实用性，而且强化了学生学习的实践性。

（3）教学模式层次化，先易后难、先基础后拓展

本书在内容设计上充分体现了知识的模块化、层次化和整体化，按照先易后难、先基础后提高的顺序组织教学内容，符合初学者的认知规律。通过循序渐进的教学模式，增强学习的效率和兴趣，从而提高课程学习的积极性。

（4）教学资源多样化，可共建、可共享

本书的学习资源设计充分发挥了"互联网 + 教材"的优势，配备二维码学习资源，学生用手机扫描书中二维码，即可获得在线的数字资源。另外，本书提供配套教学课件、课程标准、练习题等供任课教师使用。新形态一体化教材便于学生实现即时学习和个性化学习，有助于教师借此创新教学模式。

本书由重庆大学廖晓峰、重庆电子工程职业学院武春岭担任主编，由重庆工业职业技术学院王璐烽、重庆工程职业技术学院刘宇、重庆科创职业学院曹小平、重庆建筑工程职业学院别牧、重庆水利电力职业技术学院岳守春担任副主编。其中，岳守春、张莉莉负责编写项目1，王璐烽、张文静负责编写项目2，别牧、郑炜琳、魏绍芬、张春燕负责编写项目3，曹小平、钟芙蓉负责编写项目4，武春岭、何桂兰负责编写项目5，刘宇、李聪负责编写项目6。以上编写人员不仅有丰富的教学经验和教材编写经验，还有在企事业单位工作的经历。

由于编者水平有限，书中存在的不当之处恳请广大读者批评指正。

编　者

2023 年 2 月

目　录

项目 1　文档处理

项目概要

WPS Office 2019（简称 WPS 2019）由中国金山软件股份有限公司自主研发，兼容 Word、Excel、PowerPoint 三大办公组件的不同格式，支持 PDF 文档的编辑与格式转换，集成思维导图、流程图、表单等功能。内置网页浏览器，资源查找更便捷。此外，WPS 2019 还新增云文档功能，可在多款设备登录自己的 WPS 账号，查看保存在云空间的文档，随时随地恢复办公。本项目通过 4 个典型任务，详细介绍 WPS 2019 中的文字处理软件的使用方法，包括基本操作、版面设计、表格的制作和处理、图片混排、模板与样式的使用等内容。

项目任务

- 任务 1.1　文档创建和排版
- 任务 1.2　制作宣传单
- 任务 1.3　长文档格式编排
- 任务 1.4　制作求职简历

学习目标

- 学会设置文本的字符格式和段落格式
- 学会为文本或段落添加边框和底纹
- 学会设置图片格式、图文混排
- 学会定义样式、创建模板文件
- 学会对文档中的表格进行格式编辑及数据计算
- 学会邮件合并操作

讲好民族品牌故事
助力企业海外传播

任务 1.1 文档创建和排版

💬 任务描述

本任务通过对一份大学学习计划文档进行排版，来学习 Word 文档的创建、编辑和排版等基本操作，掌握文档的基本编辑方法和格式设置，页面效果如图 1.1.1 所示。

不负光阴，不负韶华——大学学习计划

我 步入大学，这是新的起点，也是新的挑战，一切投要从零开始。为此我就应结合自己的实际状况，制订一个合理的学习计划和对自己学习中的提出的要求，来完成我的学业。

✓ **合理安排时间，按时完成学习任务**

在学习课程中，精心地安排好每一天的学习时间，抽出 1 小时去学习，循序渐进地完成学习任务。就应完成复习预习的学习计划，养成 1 小时学习的习惯。

✓ **养成做笔记的习惯**

在课前，做好预习，有针对性地划出重点和难点，并加深对学习资料的理解和记忆，以便于以后查阅和复习。课上做好听课笔记，养成良好的学习习惯。

✓ **利用业余时间，通过计算机和网络加强学习**

随着新技术、新媒体的发展，远程开放教育把先进的科学技术应用于教学中，我要利用业余时间，通过网络定期阅览，以便及时地调整自己学习进度和策略。能过上课和学习管理平台的学习，及电子邮件与老师同学联系，寻求辅导和帮忙。

✓ **不断加强专业学习，不断充实自我**

为了加强综合素质，还需要在完成学业后，不断地加强与自己的专业相关课程的学习，来完善自我。吸纳新的技能和知识充实自己，提高分析和处理工作的潜力，注重总结经验，完善自我。

总之，虽然客观制定了个人初步学习计划，但还存在许多不完善与不足之处，还需要今后根据自己的切实状况，在学习中不断地补充，加以改善、及时地总结经验，以合格的成绩来完成自己三年的学业。

图 1.1.1　学习计划效果图

💬 任务分析

要对 Word 文档进行编辑和排版，首先应该创建一个文档，然后进行文本输入，并对文本进行编辑，包括文本的插入、删除、移动、复制、查找、替换、撤销等基本操作；接下来为了文档的显示效果，可以对文档进行排版处理，包括字符格式、段落格式、边框和底纹、首字下沉等格式的设置。最后对文档中的英文单词进行拼写检查，为中文文本添加拼音。

1.1.1 WPS 2019 文字的简介

（1）WPS 2019 文字的启动

WPS Office 包括 WPS 文字、WPS 表格、WPS 演示三大模块，用户可根据需要选择安装该三大模中的部分模块或全部模块。WPS 2019 文字启动的方法有很多，常用的方法有如下几种：

▶ 单击"开始"→"所有程序"→"WPS Office"，即可启动 WPS 软件。

▶ 双击桌面上 WPS 的快捷方式图标。

▶ 在"搜索框"中输入 WPS 搜索关键字，打开 WPS 软件。

▶ 双击任意一个 WPS 文字文档，打开相应的文件。

（2）WPS 2019 文字窗口简介

WPS 2019 文字的工作界面主要由 10 个部分组成，包括 WPS 按钮、标题栏、文件菜单、快速访问工具栏、功能区、工具栏、文档编辑区、滚动条、状态栏、视图栏，如图 1.1.2 所示。

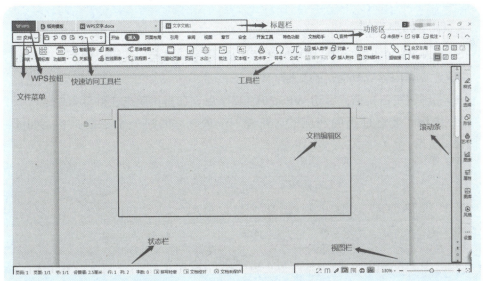

图 1.1.2　WPS 2019 文字工作界面

① WPS 按钮：返回到 WPS 软件安装后的初始状态。

②标题栏：显示正在编辑的文档的文件名及所使用的软件名。

③文件菜单：单击"文件"可以对文件进行各种操作，如打开、新建、保存、编辑等。

④快速访问工具栏：经常使用的工具，单击右侧的命令按钮可以进行自定义。

⑤功能区：文档的各功能菜单。

⑥工具栏：由灰色线条分为各组，单击后面的倒三角按钮可弹出更多功能选项。

⑦文档编辑区：文档正文编辑的区域。

⑧滚动条：滑动滚动条可拖动页面。

⑨状态栏：显示文档的页码，以及行、列、字数等。

⑩视图栏：可根据需要选择阅读版式以及放大或缩小页面。

（3）WPS 2019 文字的关闭

完成文档的编辑后要退出 WPS 2019 文字的工作环境，常用的方法有以下几种：

▶ 单击 WPS 2019 窗口右上角的"关闭"按钮。

▶ 单击"文件"选项卡下的"退出"选项。

▶ 在标题栏上单击鼠标右键，在弹出的快捷菜单中选择"关闭"命令。

1.1.2 文档创建

（1）新建文档

在 WPS 2019 文字中，用户不仅可以新建空白文档，还可以使用文字模板快速建立有内容或有格式的文档。

①创建空白文档：启动 WPS 2019 文字后，在首页单击文件标签中的"新建"按钮，或选择页面左侧的"新建"选项，可创建一个空白文档，如图 1.1.3 所示。

图 1.1.3　新建文档面板

②创建有模板的文档：WPS 2019 文字中提供了一些常用的文档模板，如图 1.1.4 所示，如果需要制作的文档有模板，那么就可根据模板新建有内容或格式的文档，然后根据需要修改和编辑文档内容，这样不仅可以提高文档的制作效率，也可以让制作的文档更加规范。

图 1.1.4　新建有模板文档

（2）保存与保护文档

编辑完成的 WPS 文字文档，中断工作或退出时必须保存好文档，否则文档将丢失。保存文档后，WPS 文字文档将以文件的形式存储在计算机上，可以打开、修改和打印该文件；当然也可以保存到 WPS 的云文档中，方便随时查看。

①新文档保存：单击"快速访问"工具栏中的 ■ 按钮，或者单击"文件"选项卡→"保存"按钮，都可以保存文档，如果是第一次保存 Word 文档，单击"保存"按钮，会弹出"另存为"对话框，如图 1.1.5 所示。

②文档另存为：如果要修改文档保存的名字或保存的位置，可以单击"文件"选项卡→"另存为"按钮，将会弹出"另存为"对话框，如图 1.1.5 所示，根据需要选择新的存储路径或者输入新的文档名称即可。

图 1.1.5　"另存为"对话框

③保存与另存为的区别：对于在 WPS 文字窗口中新建的文档，保存和另存为的作用是相同的，都会弹出"另存为"对话框，可以设置保存的位置和

名称等；对于已经保存过的文档，两者是有区别的，保存不会弹出"另存为"对话框，只是对原来的文件进行覆盖，另存为会弹出"另存为"对话框，可以设置保存的位置和名称，不会对原文件进行修改，而是在另外一个选择的路径中保存一个全新的文件，但若不改变路径和名称，则会替换原文件。

④保护文档：对于非常重要的、不希望他人查看和修改内容的文档，可以为文档设置密码，使文档只能被知道密码的用户打开或编辑，如图 1.1.6 所示。

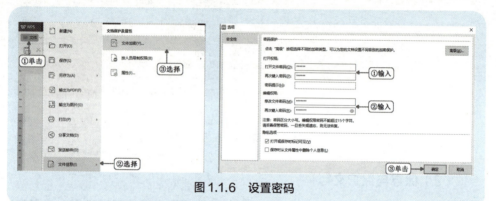

图 1.1.6 设置密码

添加水印就是通过添加一些特殊的文本或 Logo 图片，来增加文档的可识别性，如图 1.1.7 所示。

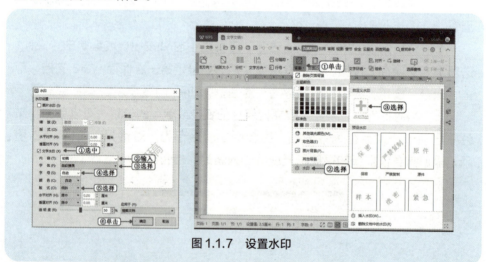

图 1.1.7 设置水印

⑤文档保存类型：WPS 2019 文字默认保存扩展名为 .wps。可以通过图 1.1.5 中的"文件类型"下拉列表中的选项更改文档的保存类型，选择"Word 97-2003 文档（.doc）"选项就可将文档保存成 Word 的早期版本 doc 类型，也可以选择"Word 文件（.docx）"，或者选择"PDF"保存为 PDF 类型的文件。

1.1.3　文档编辑

文档编辑是 WPS 2019 文字的基本功能，包括文本的输入、选择、移动、复制等功能，同时 WPS 2019 文字也为用户提供了查找和替换等功能。

（1）打开文档

对已经存在的 Word 文档，在对文档进行编辑之前，首先必须要打开文档。可以直接双击要打开的文件图标；也可以先启动 WPS 2019 文字程序，再通过"文件"菜单→"打开"按钮，在弹出的"打开"对话框中选择要打开的文件。

（2）输入文本

打开 WPS 2019 文字后，利用其"即点即输"功能，用户可以在文档的任意位置上通过光标快速定位插入点，进行输入操作，输入的内容显示在光标所在处。

①普通文本的输入：用户只需要将光标定位到指定位置，选择好合适的输入法后，就可以进行文本录入操作。

②特殊符号的输入：如需输入一些键盘上没有的特殊的符号（如俄、日、希腊文字符，数学符号，图形符号等），除了利用汉字输入法中的软键盘外，Word 还提供了"插入符号"功能。首先把光标定位到要插入符号的位置，单击"插入"选项卡→"符号"按钮，在弹出的下拉菜单中列出了最近插入过的符号和"其他符号"按钮。如果需要插入的符号位于列表框中，单击该符号即可；否则，单击"其他符号"按钮，打开如图 1.1.8 所示的"符号"对话框。在这个对话框的"字体"下拉列表中选定适当的字体项（如"普通文本"），在符号列表框中选定所需插入的符号，再单击"插入"按钮，就可以将所选择的符号插入到文档的插入点处。

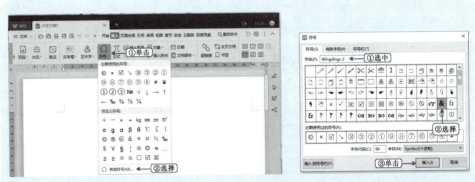

图 1.1.8　插入特殊符号

（3）选定文本

在对文本进行编辑排版之前，首先要选定好相关文本。从要选定文本的起点处按下鼠标左键，一直拖动至终点处松开鼠标即可选定文本，选中的文本将以灰底黑字的形式出现。

另外，如果将鼠标移动到文档左侧的空白处，鼠标将会变为指向右上方向的箭头。此时，单击鼠标，则选定当前这一行的文字；双击鼠标，则选定当前这一段的文字；三击鼠标，则选定整篇文字。

（4）修改和删除文本

如需修改或删除文本，首先将文本插入点定位到需要删除的文本前，按住鼠标左键不放并向右拖动以选择需要修改或删除的文本，然后按下键盘上的"Backspace"键或"Delete"键删除文本并重新输入，或直接输入正确的文本。

（5）复制粘贴和移动文本

当需要重复录入文档中的已有内容时，可以通过复制粘贴操作来完成。首先选中文本，然后单击鼠标右键选择"复制"命令，接着将鼠标移到目的位置后单击鼠标右键，选择"粘贴选项"中的合适选项完成文本的复制粘贴。文本的复制还可以通过快捷键或者"开始"选项卡中的"复制"按钮来完成。文本的移动和文本的复制粘贴操作类似。

（6）查找和替换文本

利用 WPS 2019 文字的查找功能可以方便、快速地在文档中找到指定的文本，提高文档编辑效率。单击"开始"选项卡→"查找替换"按钮，在"查找内容"文本框内输入要查找的关键字后按回车键，就可查找出所需内容。

替换操作是在查找操作的基础上进行的。在"查找和替换"对话框中，单击"替换"选项卡，在"替换为"列表框中输入要替换的内容；在输入要查找和需要替换的文本和格式后，根据情况单击"替换"按钮，或"全部替换"按钮进行替换操作，如图 1.1.9 所示。

图 1.1.9 "查找和替换"对话框

（7）撤销和恢复

对于编辑过程中的误操作，可以通过单击"快速访问工具栏"中的"撤销"按钮来挽回；而对于所撤销的操作，也可以通过"恢复"按钮重新执行，如图 1.1.10 所示。

图 1.1.10　"撤销和恢复"按钮

（8）插入另一个文档

利用 WPS 2019 文字中的"附件"功能，可以将几个文档连接成一个文档。其具体步骤是单击"插入"选项卡→"附件"按钮，在打开的"插入附件"对话框中选定所要插入的文档即可。

1.1.4　文档排版

文档编辑完成后，要对整篇文档进行排版，使文档具有美观的视觉效果。通常排版要在页面视图下进行。

（1）视图模式

WPS 2019 文字中提供了多种视图模式供用户选择，主要包括 6 种，即全屏显示、阅读版式视图、写作视图、页面视图、大纲视图和 Web 版式视图。

①全屏显示：在整个 Windows 显示器上完整呈现文档。

②阅读版式视图：以图书的分栏样式显示文档。

③写作视图：以一个更加简洁的版面显示文档，还能设置计算稿费等功能。

④页面视图：可以显示文档的打印效果。

⑤大纲视图：主要用于设置和显示文档的标题层级结构。

⑥ Web 版式视图：以网页的形式显示文档。

如果要切换视图方式，可以单击"视图"选项卡中所需要的视图模式按钮，如图 1.1.11 所示，也可以在 WPS 2019 文字文档状态栏上单击"视图"按钮选择视图。

图 1.1.11　WPS 2019 文字视图

（2）字符格式设置

字符格式的设置主要包括对字符字体、字形、字号、颜色、下画线、着重号等的设置，对字符格式的设置决定了字符在屏幕上显示和打印输出的样式。字符格式的设置可以通过功能区、对话框和浮动工具栏来完成，需要注意的是，不管使用哪种方式，都需要在设置前先选择字符，即先选中再设置。

①利用"开始"选项卡中的"字体"组来设置文字的格式：首先选定要设置格式的文本，然后单击"开始"选项卡，在"字体"组中选择相关的按钮，完成字符格式的设置，如图 1.1.12 所示，包括字体、字号、加粗、倾斜、下画线、文字颜色、文本效果等格式设置。

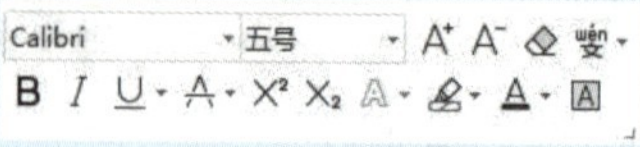

图 1.1.12 "开始"选项卡中的"字体"组

②利用"字体"对话框设置文字的格式：同样首先选定要设置格式的文本，单击图 1.1.12 右下角的"字体对话框启动器"按钮，打开如图 1.1.13 所示的"字体"对话框，进行字符格式的设置。

③利用浮动工具栏进行设置：当选中字符并将鼠标指向其后，在选中字符的右上角会出现如图 1.1.14 所示的浮动工具栏，利用它进行字符格式的设置方法和通过功能区的命令按钮进行设置的方法相同。

图 1.1.13 "字体"对话框

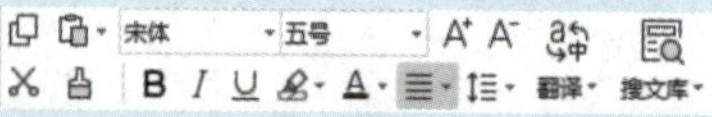

图 1.1.14 浮动工具栏

（3）段落格式设置

在 Word 中以一个回车换行符表示一段，段落格式的设置主要包括段落对齐方式、段落缩进、段落间距、行间距等设置。设置的方法：首先选定段落，然后单击"开始"选项卡"段落"组中的按钮，如图 1.1.15 所示；或者打开"段落"对话框，如图 1.1.16 所示，设置段落的格式。

段落格式设置

图 1.1.15　"开始"选项卡中的"段落"组　　　图 1.1.16　"段落"对话框

①段落对齐方式：段落对齐方式分为左对齐、右对齐、居中对齐、两端对齐和分散对齐 5 种。

②段落缩进：段落缩进决定了段落到左右页边距的距离，段落的缩进方式有左缩进、右缩进、首行缩进和悬挂缩进 4 种。

③段落间距：段落间距是指所选段落与上一段落或者下一段落之间的距离。

④行间距：行间距是指所选段落中相邻两行之间的距离。行间距、段落间距的单位可以是厘米、磅，也可将其设置为当前行间距、段落间距的倍数。

（4）首字下沉

在一篇文档中，把段落的第一个字进行首字下沉的设置，可以很好地凸显出段落的位置和其整个段落的重要性，起到引人入胜的效果。首字下沉的具体操作是首先将插入点移到要设置首字下沉的段落的任意处，然后单击"插入"选项卡→"首字下沉"按钮，打开"首字下沉"对话框，设置"首字下沉"格式的参数，如图 1.1.17 所示。

图 1.1.17　"首字下沉"对话框

（5）格式刷

利用格式刷，可以将文本格式进行复制，此处所指的格式，不仅包括字符格式，还包括段落格式、项目符号设置等。

首先选定已设置好格式的文本，然后单击"开始"选项卡→"格式刷"按钮，如图 1.1.18 所示，此时鼠标指针变为刷子形；再将鼠标移到要复制格式的文本开始处，单击鼠标左键并拖动鼠标直到要复制格式的文本结束处，放开鼠标左键即完成了格式的复制。

图 1.1.18　格式刷

单击"格式刷"按钮，使用一次后，格式刷功能就会自动关闭。如果需要连续多次使用某文本的格式，就必须双击"格式刷"按钮，然后用格式刷去刷其他的文本；选择键盘上的"ESC"键或再次单击"格式刷"按钮，可关闭格式刷功能。

（6）边框和底纹设置

WPS 2019 文字提供了各种现有的和可以自定义的图形边框、底纹方案和填充效果，用来强调文字、表格和表格单元格、图形以及整个页面，这样能对文档起到美化的效果，并增加读者对文档内容的兴趣和注意程度。

设置边框和底纹时，首先选定要设置的文本，然后单击"开始"选项卡→"边框"按钮或"底纹"按钮，如图 1.1.19 所示。

如果想更进一步对边框和底纹进行设置，可以选择下拉框中的"边框和底纹"命令，在打开的"边框和底纹"对话框中进行相应的边框和底纹设置，如图 1.1.20 和图 1.1.21 所示。在设置边框和底纹的时候，需要注意其应用范围，可以是文字，也可以是段落。在"边框和底纹"对话框的"边框"或"底纹"选项卡的"应用于"列表框中可以进行选择。

图 1.1.19　边框和底纹

图 1.1.20　"边框"设置

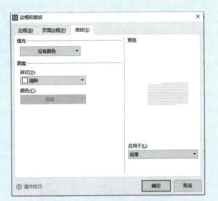

图 1.1.21　"底纹"设置

（7）项目符号与编号

　　项目符号和编号是放在文本前的符号或数字，起到强调作用。合理使用项目符号和编号，可以使文档的层次结构更清晰、更有条理，并能提高文档编辑速度。首先选定要添加项目符号的文字，然后单击"开始"选项卡→"项目符号"按钮，也可单击该按钮旁的向下箭头，在弹出的下拉框中选择其他的项目符号样式，如图 1.1.22 所示。给文本添加项目编号的操作与此类似。

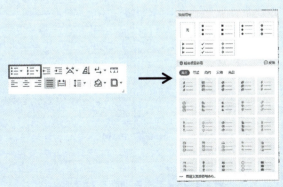

图 1.1.22　"项目符号和编号"按钮

（8）拼写检查

使用 WPS 2019 文字在进行输入时，默认情况下会自动检查拼写是否正确。如果有的语句下标有红色波浪线，则表示应用程序认为该语句拼写有误；如果显示绿色波浪线，则表示这段语句可能存在语法错误。如果想对整篇文档进行检查的话，可以首先将光标移至文档开始位置，然后单击"审阅"选项卡→"拼写检查"按钮，如图 1.1.23 所示。在弹出的"拼写和语法"对话框里会突出显示第一个错误，选择相应的操作。按照这个方法重复检查，直到弹出拼写检查已经完成的对话框，最后单击"确定"按钮，如图 1.1.24 所示。

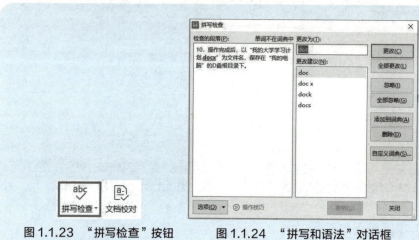

图 1.1.23 "拼写检查"按钮   图 1.1.24 "拼写和语法"对话框

（9）拼音添加

如果在排版时要给中文添加拼音，首先选定需要添加拼音的文字，再单击"开始"选项卡→"拼音指南"按钮，弹出"拼音指南"对话框，如图 1.1.25 所示。在对话框中可以对"拼音文字"进行修改；也可以对拼音最后的显示效果通过"对齐方式""偏移量""字体""字号"选择框进行调整。

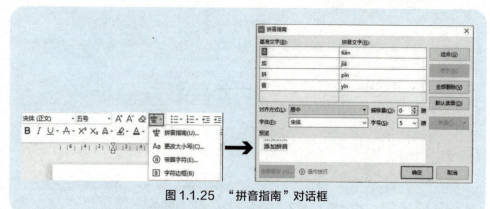

图 1.1.25 "拼音指南"对话框

💬 任务要求

①启动 WPS 2019 文字，新建一个空白文档，输入文本内容，以"我的大学学习计划"为例。

②标题"我的大学学习计划"，设置为黑体、加粗、小三号、蓝色、居中对齐，"矢车菊蓝，18 pt 发光，着色 5"的发光文本效果。

③正文各段落字体都设置为宋体、五号，首行缩进 2 字符。

④设置标题的段间距为段后 1 行，正文内容行距为固定值 20 磅。

⑤设置正文第 1 段的第一个字首字下沉，字体为隶书，下沉 2 行，距正文 0.5 厘米。

⑥正文第 1 段的内容添加紫色波浪下画线。

⑦正文第 2 段到第 5 段，每段的第一句话设置为"浅绿色"底纹，应用于文字。

⑧正文的第 2 段到第 5 段的内容添加项目符号。

⑨将正文最后一段内容添加紫色 1.5 磅单实线边框。

⑩操作完成后，以"我的大学学习计划 .docx"为文件名，保存在"我的电脑"的 D 盘根目录下。

💬 任务实施

①启动 WPS 2019 文字，单击"文件"选项卡→"新建"命令→"新建空白文字"按钮，新建一个 WPS 空白文档。打开素材文件夹中的"学习计划 .docx"文档，将文档中的所有内容复制到这个空白文档中。

②将标题"我的大学学习计划"内容选定，单击"开始"选项卡→"字体"，设置标题字体为黑体，字形加粗，字号为小三号，字体颜色为蓝色，文本效果为"矢车菊蓝，18 pt 发光，着色 5"发光效果，设置方式如图 1.1.26 所示；再单击"开始"选项卡，设置标题居中对齐。

③选定正文所有内容，单击"开始"选项卡→"字体"组，设置字体为宋体、字号五号；再单击"开始"选项卡→"段落"组→"段落对话框启动器"，打开"段落"对话框，设置正文各段首行缩进 2 字符，如图 1.1.27 所示。

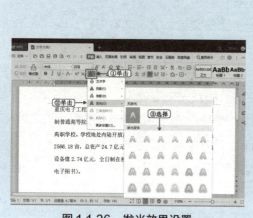
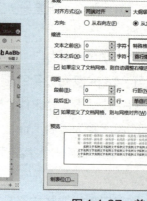

图 1.1.26　发光效果设置　　　　图 1.1.27　首行缩进

④选定标题"我的大学学习计划"，单击"开始"选项卡→"段落对话框启动器"，打开"段落"对话框，设置标题的段间距为段后 1 行；再选定正文内容，单击"开始"选项卡"段落对话框启动器"，打开"段落"对话框，设置行距为固定值 20 磅。

⑤将光标定位到正文第 1 段的第一个字的前面，单击"插入"选项卡→"首字下沉"按钮，在"首字下沉"对话框中设置字体为隶书、下沉 2 行、距正文 0.5 厘米，如图 1.1.28 所示。

⑥选定正文第 1 段的内容，单击"开始"选项卡→"下划线"按钮，设置字符的下画线为波浪线，颜色为紫色。

⑦选定正文第 2 段到第 5 段的内容，单击"开始"选项卡→"段落"组→"边框和底纹"对话框→"底纹"选项卡中，设置浅绿色底纹，应用于文字，如图 1.1.29 所示。

图 1.1.28　首字下沉　　　　图 1.1.29　底纹设置

⑧选定正文第 2 段到第 5 段的内容，单击"开始"选项卡→"项目符号"按钮，选择相应的项目符号，如图 1.1.30 所示。

⑨选定正文最后一段内容，单击“开始”选项卡→“段落”组→“边框和底纹”对话框→“边框”选项卡中，设置边框样式为单实线，颜色为紫色，宽度 1.5 磅，如图 1.1.31 所示。

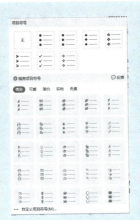

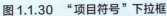

图 1.1.30　“项目符号”下拉框

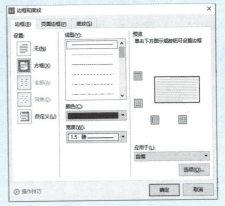

图 1.1.31　边框设置

⑩操作完成后，单击“文件”选项卡→“保存”命令，以“我的大学学习计划 .docx”为文件名，保存在“我的电脑”D 盘的根目录下。

任务拓展　文档排版

拓展任务 1　诗词排版

打开素材文件夹中的“诗歌排版 .docx”文档，给诗歌《面朝大海，春暖花开》进行排版，排版效果如图 1.1.32 所示。

面朝大海，春暖花开

海子

从明天起，做一个幸福的人
喂马、劈柴，周游世界
从明天起，关心粮食和蔬菜
我有一所房子，面朝大海，春暖花开
从明天起，和每一个亲人通信
告诉他们我的幸福
那幸福的闪电告诉我的
我将告诉每一个人
给每一条河每一座山取一个温暖的名字
陌生人，我也为你祝福
愿你有一个灿烂的前程
愿你有情人终成眷属
愿你在尘世获得幸福
我只愿面朝大海，春暖花开

作者简介

海子原名查海生，生于 1964 年 3 月 24 日，在农村长大。1979 年 15 岁时考入北京大学法律系，1982 年开始诗歌创作，不到 7 年的时间里，海子用超乎寻常的热情和勤奋，才华横溢地创作了近 200 万字的作品，当时即被称为“北大三诗人”之一。1989 年 3 月 26 日，海子在山海关卧轨自杀，年仅 25 岁。

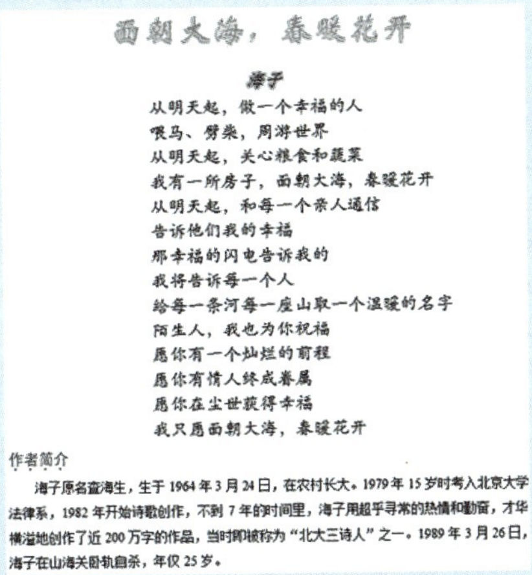

图 1.1.32　诗歌排版效果图

（1）设置字体格式

①将文档标题行的字体设置为华文新魏、一号，并为其添加"深灰绿，18pt 发光，着色 3"的文本发光效果。

②将作者名字的字体设置为华文仿宋、四号、倾斜，并为其添加"矢车菊蓝，8pt 发光，着色 5"的发光文本效果。

③将正文诗词部分的字体设置为华文楷体、四号。

④将文本"作者简介"的字体设置为黑体、小四，颜色设置为标准色中的"蓝色"，并加着重号。

（2）设置段落格式

①将文档的标题行和作者名字均设置为居中对齐。

②将正文诗词部分左侧缩进 11 字符，段落间距为段后 0.5 行，行距为固定值 12 磅。

③将正文最后一段首行缩进 2 个字符，并设置行距为固定值 20 磅。

（3）保存文档

操作完成后，将文档以"诗歌排版 .docx"为文件名，保存在"我的电脑"D 盘的根目录下。

拓展任务 2　英文拼写检查

打开素材文件夹中的"英文拼写检查 .docx"文档，对文档进行英文拼写检查，效果如图 1.1.33 所示。

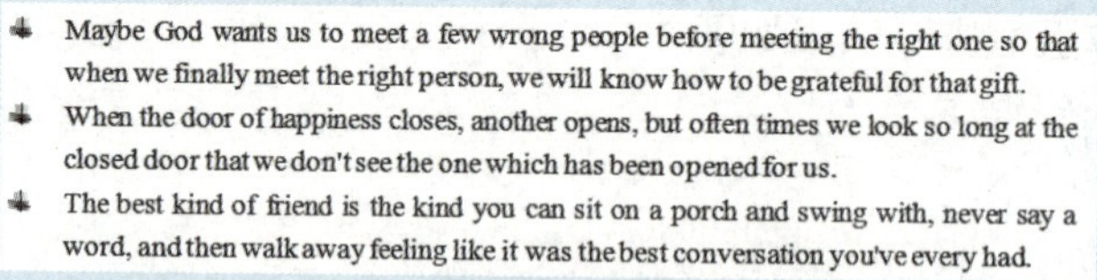

- Maybe God wants us to meet a few wrong people before meeting the right one so that when we finally meet the right person, we will know how to be grateful for that gift.
- When the door of happiness closes, another opens, but often times we look so long at the closed door that we don't see the one which has been opened for us.
- The best kind of friend is the kind you can sit on a porch and swing with, never say a word, and then walk away feeling like it was the best conversation you've every had.

图 1.1.33　英文拼写检查效果图

①拼写检查：改正文档中拼写错误的英文单词。

②按照样文为文档段落添加项目符号。

③操作完成后，将文档以"英文拼写检查 .docx"为文件名，保存在"我的电脑"D 盘的根目录下。

拓展任务 3　拼音添加

打开素材文件夹中的"拼音添加 .docx"文档，给文本添加拼音，效果如图 1.1.34 所示。

kōngshān bú jiàn rén　　dàn wén rén yǔ xiǎng
空山不见人，但闻人语响。
fǎn yǐng rù shēn lín　　fù zhàoqīng tái shàng
返影入深林，复照青苔上。

图 1.1.34　拼音添加效果图

①添加拼音：给文本添加拼音，并设置拼音的对齐方式为"居中"，偏移量为 3 磅，字体为方正姚体，字号为 14 磅。

②操作完成后，将文档以"拼音添加.docx"为文件名，保存在"我的电脑"D 盘的根目录下。

任务 1.2　制作宣传单

💬 任务描述

本任务通过制作一份宣传单，来学习页面布局、图文混排、艺术字设置等操作，同时让学生认识到使用 WPS 2019 文字软件也能设计出美观大方的作品，页面效果如图 1.2.1 所示。

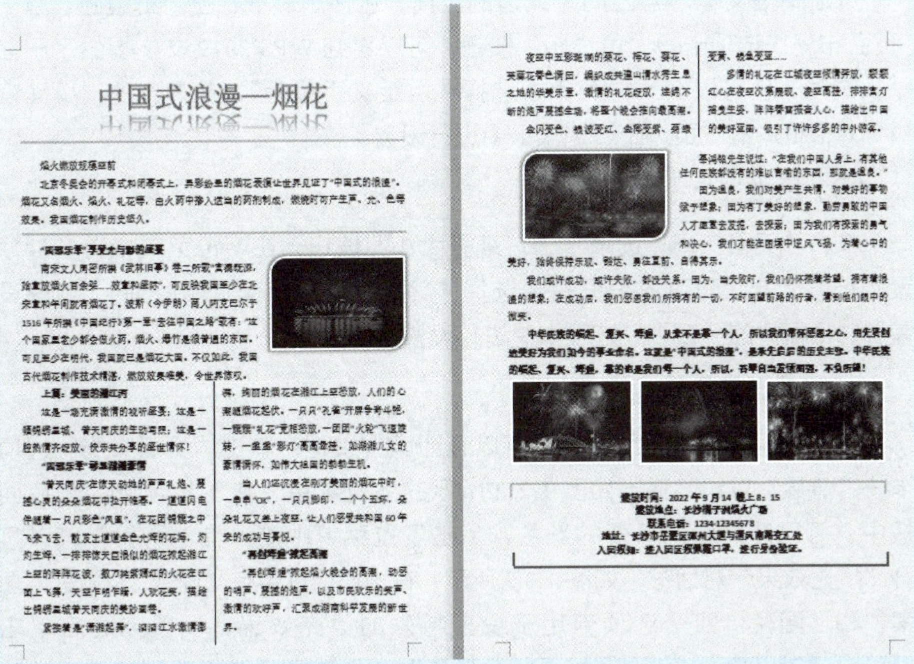

图 1.2.1　宣传册页面效果图

💬 任务分析

　　制作正式的作品，首先应进行整体的页面设置，包括纸张大小、页边距等设置，如果后面再来做这些工作，将会增加工作量；本作品中间部分都是单行的段落，且文字量少，因此进行了分栏处理；标题是艺术字，美观且突出；作品中用到了比较多的线条及图片，在进行图文混排的时候注意整体美观性；在作品的最后把一些文字放在了文本框中，并对文本框的内容格式及轮廓进行了设置，避免使作品产生头重脚轻的感觉。

💬 知识准备

1.2.1　页面布局

（1）纸张方向

　　纸张方向分纵向和横向两种。单击"页面布局"选项卡→"纸张方向"按钮，在弹出的下拉菜单中进行选择即可。

（2）页边距

　　页边距指文本内容四周距纸边的距离，包括上、下、左、右边距。单击"页面布局"选项卡→"页边距"按钮，可以看到 WPS 2019 文字提供了一些默认选项，也可以在下拉菜单中选择"自定义页边距"，在弹出的"页面设置"对话框中的"页边距"选项卡中进行设置。

（3）纸张大小

　　单击"页面布局"选项卡→"纸张大小"按钮，在下拉菜单中有多种预设的纸张大小，也可以根据需要选择"其他页面大小"，在弹出的"页面设置"对话框中的"纸张"选项卡中进行设置。

（4）页面颜色

　　页面的背景可以是纯色，也可以有图案或纹理。单击"页面布局"选项卡→"背景"按钮，弹出如图 1.2.2 所示的下拉菜单，在下拉菜单的颜色面板中，可以选择自己喜爱的颜色，单击下拉菜单中的"其他背景"可以打开"填充效果"对话框，如图 1.2.3 所示，在该对话框中有"渐变""纹理""图案"和"图片"四个选项卡用于设置特殊的填充效果，设置完成后单击"确定"按钮即可。在设置页面背景颜色时，要注意不能影响到文本内容的阅读。

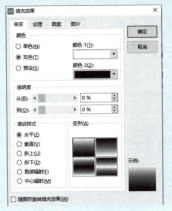

图 1.2.2　页面颜色　　　　　　　图 1.2.3　填充效果

（5）分栏

分栏是将文档中的文本分成两栏或多栏，是文档编辑中的一个基本方法。选择要分栏的文本，单击"页面布局"选项卡→"分栏"按钮，选择要分栏的栏数。

如果想对分栏进行详细的设置，比如栏宽、间距等，则在下拉菜单中单击"更多分栏"，弹出"分栏"对话框，如图 1.2.4 所示，在对话框中取消对"栏宽相等"的选定，就可以分别设置各栏的宽度以及栏间距。"应用于"选项可以用来设置分栏范围，分栏可以应用于"整篇文档"，也可以应用于"所选文本"。设置好后单击"确定"按钮。

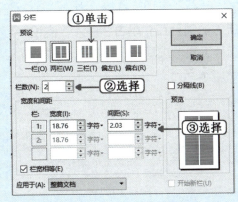

图 1.2.4　"分栏"对话框

1.2.2　插入艺术字

艺术字是一种包含特殊文本效果的对象。可以对艺术字进行旋转、着色、拉伸或调整字间距等操作，以达到最佳效果。

（1）插入艺术字

将鼠标放在要插入艺术字的位置上，单击"插入"选项卡→"艺术字"按钮，选择一种内置的艺术字样式，文档中将自动插入含有默认文字"请在此放置您的文字"和所选样式的艺术字，并且功能区将显示"文本工具"菜单。

（2）编辑艺术字

选择要修改的艺术字，单击"文本工具"选项卡，功能区将显示艺术字的各类操作按钮，如图 1.2.5 所示。

图 1.2.5　艺术文本工具选项卡

可以重新选择艺术字的外观样式，单击"文本填充"按钮可以对艺术字填充颜色；单击"文本轮廓"按钮可以对艺术字轮廓的颜色、线形、粗细等进行设置；单击"文本效果"按钮可以为艺术字添加投影、发光等效果。

1.2.3　插入图片

（1）插入图片

单击"插入"选项卡→"图片"按钮，弹出"插入图片"对话框，在本地磁盘中选择自己所需的图片后，单击"插入"按钮即可。插入图片后，在功能区将会显示"图片工具"选项卡，单击该选项卡，功能区将显示图片的各类操作按钮，如图 1.2.6 所示。

图 1.2.6　"图片工具"选项卡

（2）移动图片

拖动图片可以移动其位置，除了"嵌入型"环绕方式的图片只能放置在段落标记处，其他环绕方式的图片可以拖放到任何位置。单击键盘上的方向键可以对图片位置进行上、下、左、右调整。

（3）修饰图片

在 WPS 2019 文字中可以对图片添加边框和设置一些特殊效果。单击"图片工具"选项卡，可以选择"图片边框"或"图片效果"，对图片进行自定义修饰等操作。

（4）文字环绕

环绕决定了图片之间以及图片和文字之间的位置关系。单击"图片工具"选项卡→"文字环绕"按钮，在下拉菜单中可以选择图片的环绕方式，如图 1.2.7 所示。

图 1.2.7 文字环绕

WPS 2019 文字中提供了 7 种文字环绕方式，每种环绕方式的含义如下所述：
▶ 嵌入型：图片作为一行文字的一部分。
▶ 四周型环绕：不管图片是否为矩形图片，文字以矩形方式环绕在图片的四周。
▶ 紧密型环绕：文字紧靠图片的边缘进行环绕。
▶ 衬于文字下方：图片在下、文字在上，分为两层，文字覆盖图片。
▶ 浮于文字上方：图片在上、文字在下，分为两层，图片覆盖文字。
▶ 上下型环绕：文字环绕在图片的上方和下方。
▶ 穿越型环绕：文字可以穿越不规则图片的空白区域环绕图片。

（5）缩放图片

选定图片，图片的四周会出现 8 个控制手柄，通过拖动控制点可以对图片进行缩放，如果需要对图片的尺寸进行精确控制，可以单击"图片工具"选项卡→"大小对话框启动器"按钮，弹出"布局"对话框，在对话框的"大小"选项卡中对图片进行精确控制，选定"锁定纵横比"可选项，图片的长与宽将按相同的比例进行缩放。

（6）裁剪图片

选定图片，单击"图片工具"选项卡→"裁剪"按钮，图片四周会出现 8 个裁剪手柄，将鼠标移动到任意一个手柄上进行拖动，线框内的部分即留下的图形部分，线框外的即被删除的部分，拖动完毕后按"Enter"键即完成裁剪。这种裁剪操作是可以恢复的，即可以通过裁剪的方式把原被裁掉的内容重新显示出来。

1.2.4 插入形状

（1）绘制形状

单击"插入"选项卡→"形状"按钮，在弹出的下拉菜单中选择要绘制的形状，此时鼠标指针会变成十字形，拖动鼠标即可绘制相应大小的自选形状。

（2）编辑形状

选定绘制的形状，会出现"绘图工具"选项卡，在"形状样式"组中选择一种外观样式，样式将直接应用到绘制的形状上。单击"形状填充"按钮，选择下拉菜单中的命令实现对形状内部填充颜色、纹理或是图案；单击"形状轮廓"按钮，选择下拉菜单中的命令实现对形状轮廓的颜色、粗细及线型进行编辑。也可以单击"形状轮廓"的▼按钮，在弹出的"属性"中设置形状外观，如图 1.2.8 所示。

图 1.2.8 "设置形状格式"对话框

（3）形状的旋转及变形

选定形状，这时形状的上面会出现一个绿色的小圆点，称为"旋转控制点"，把鼠标移至该控制点上，拖动鼠标即可旋转该形状。

有些形状在被选中时，周围会出现一个或多个灰色边缘的圆形，称为"调整控制点"，用鼠标拖动这些控制点，可以对形状进行变形。

（4）在形状中添加文字

选定形状，单击鼠标右键，在弹出的快捷菜单中选择"添加文字"，即可实现在形状中添加文字。形状中的文字可以像普通文字一样进行字体和段落的设置。

（5）形状的组合与排列

将多个形状进行组合之后，它们将变成一个整体，可以作为一个对象进行编辑。将要进行组合的形状全部选定，然后单击"绘图工具"选项卡→"组合"按钮，在下拉菜单中选择"组合"命令，可将选定的多个形状组合成一个整体，组合之后的对象也可以"取消组合"。图 1.2.9 显示的是"组合"之前的状态，每一个心形都是单独的，图 1.2.10 显示的是"组合"之后的状态，4 个心形作为一个整体，可以一起移动，一起编辑。

图 1.2.9　"组合"之前　　　　　　图 1.2.10　"组合"之后

有时需要将多个形状（或是对象）进行对齐并等间距排列。将要进行排列的形状全部选定，单击"绘图工具"选项卡→"对齐"按钮，在弹出的下拉菜单中选择对齐和排列的方式。图 1.2.11 显示的是"排列"之前的状态，4 个心形高低各不相同，间距也不一样，图 1.2.12 显示的是经过"底端对齐"和"横向分布"之后的状态。

图 1.2.11　"排列"之前　　　　　　图 1.2.12　"排列"之后

当多个形状有重叠的时候，可能需要更改形状的叠放次序，选定某个形状，单击"绘图工具格式"选项卡，单击"上移一层"或是"下移一层"按钮，来更改选定形状的叠放位置。

1.2.5　插入文本框

文本框是一种特殊的文本对象，放置在文本框内的文本可在页面上移动至任何位置，并可以随意调整文本框的大小。

（1）插入文本框

单击"插入"选项卡→"文本框"按钮，在弹出的下拉菜单中选择"绘制文本框"或"绘制竖排文本框"，此时，鼠标将变成十字形，通过拖动鼠标来创建文本框。

（2）编辑文本框

在文本框中间的空白的文本编辑区，可输入内容。当文本框太小，不能显示全部输入内容时，可通过拖动文本框的控制点来调整文本框的大小。

设置文本框外观，要选定文本框，单击"绘图工具"选项卡→"形状填充"按钮，选择下拉菜单中的命令实现对文本框内部填充颜色、纹理或是图案；单击"形状轮廓"按钮，选择下拉菜单中的命令实现对文本框轮廓的颜色、粗细及线型进行编辑。也可以单击"形状效果"的▼按钮，在弹出的"形状选项"对话框中设置文本框外观。

1.2.6　打印设置

当完成了对文档的各种设置后，就可以对文档进行打印输出。单击"文件"选项卡，再单击"打印"命令，可弹出"打印"页面，如图 1.2.13 所示。

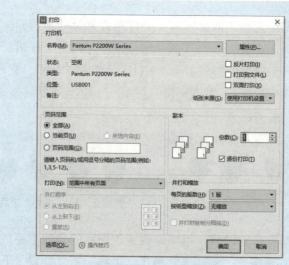

图 1.2.13　"打印"页面

在"打印"页面，用户可以设定打印份数、打印范围、是否双面打印等，设置好后单击"确定"按钮就可以进行打印输出了。

如果只想打印文档中的某些页面，则应在"页码范围"栏中输入要打印的页码，多个页码之间用逗号分隔，如设置为"4，7，8"，则只打印第 4 页、第 7 页和第 8 页；如果打印连续的多个页面，则可以用中画线"-"连接起止页码，如设置为"4-8"，则从第 4 页一直打印到第 8 页。

如有页码较多的文档需要进行双面打印，则应将"单面打印"更改成"手动双面打印"，此外还应单击左下角的"选项"命令，在弹出的"打印选项"对话框中勾选"逆序打印页面"选项，设置好后单击"确定"按钮进行打印，打印机将先依次打印出所有的奇数页，取出打印后的纸张，反过来放入打印机，继续完成偶数页的打印。

💬 任务要求

打开素材文件"音乐焰火夜宴（素材）.docx"，按如下要求进行编辑。

①页面布局：设置上、下、左、右页边距均为 2 厘米；设置页面背景颜色为"白色背景 1 深色 5%"；将"上篇：水韵湘江"至"风干千年，却依然深刻……"的内容设置为栏宽相等的两栏格式，显示分隔线。

②艺术字设置：将标题设置为艺术字样式"橙色，18pt 发光，着色 4"；文本填充为"红色"，文本轮廓为"橙色"，文本效果为"倒影"中的"半倒影，8pt 偏移量"，环绕方式设置为"上下型环绕"。

③插入横线：分别在正文第一段之前及第二段之后插入黄色波浪横线。

④插入图片：在样文中所示位置分别插入素材库中的图片"1.jpg""2.jpg"，调整至合适的大小，环绕方式为"四周型环绕"；在文档底部插入图片"11.jpg""22.jpg""33.jpg"，将尺寸都设置为 4 厘米高、5 厘米宽，环绕方式为"四周型环绕"，三张图在同一水平线上，间距相等，进行组合。

⑤绘制形状：在相应位置绘制"菱形"，填充黑色，无边框。

⑥设置文本框：将下部单行段落文本都放到一个文本框中。设置形状格式，填充为图案填充"浅色下对角线"、前景色"巧克力黄，着色 2，深色 50%"、背景色"白色"；线型为宽度"2.5 磅"；线条为渐变线、角度"270 度"。

⑦打印设置：双面打印。

💬 任务实施

（1）页面布局

①设置页边距：单击"页面布局"选项卡→"页边距"按钮，在下拉菜

单中选择"自定义边距"，在弹出的对话框中设置上、下、左、右页边距均为 2 厘米，如图 1.2.14 所示。

②设置页面背景：单击"页面布局"选项卡→"背景"按钮，在下拉菜单中选择主题颜色"白色，背景 1，深色 5%"。

③分栏：将"上篇：水韵湘江"至"风干千年，却依然深刻……"的内容选定，单击"页面布局"选项卡→"分栏"按钮，在下拉菜单中选择"更多分栏"，在"分栏"对话框中选择"两栏"，显示分隔线，如图 1.2.15 所示。

图 1.2.14　页面设置

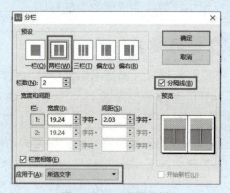

图 1.2.15　设置分栏

（2）艺术字设置

①选择标题文本，设置字体为"宋体，小初"，单击"插入"选项卡→"艺术字"按钮，选择艺术字样式"填充 - 橙色，强调文字颜色 6，发光"。

②设置艺术字格式：单击"绘图工具"选项卡→"文本填充"按钮，选择标准色中的"红色"；单击"文本轮廓"按钮，选择标准色中的"橙色"；单击"文本效果"按钮，选择"倒影"→"全倒影，8pt 偏移量"。

③设置文字环绕：单击"绘图工具"选项卡→"文字环绕"按钮，在下拉菜单中选择"上下型环绕"。

（3）插入横线

将光标定位到标题下一空行，单击"开始"选项卡→"边框和底纹"按钮，弹出"边框和底纹"对话框，在对话框中单击"横线"按钮，在弹出的"横线"对话框中选择自己所需要的横线。

（4）插入图片

①在样文中所示位置，单击"插入"选项卡→"图片"按钮，分别插入

图片"1.jpg""2.jpg"（如果图片不能正常显示，请将图片所在的行距设置为单倍行距），选择图片，通过拖拽的方式将图片"1.jpg"和图片"2.jpg"调整至合适的大小，单击"绘图工具"选项卡→"文本环绕"按钮，设置环绕方式为"四周型环绕"。

②在文档底部插入图片"11.jpg""22.jpg""33.jpg"，在"绘图工具格式"选项卡中对图片尺寸进行设置，分别将三幅图的尺寸都设置为 4 厘米高、5 厘米宽（注意，如果不能设置成功，请在"大小和位置"对话框中取消"锁定纵横比"的选择，然后进行设置），如图 1.2.16 所示；环绕方式为"四周型环绕"。

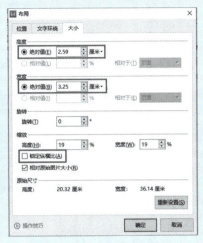

图 1.2.16　设置图片大小

③按住"Shift"键将三张图全部选定，单击"绘图工具"选项卡→"对齐"按钮，选择"顶端对齐"和"横向分布"，使三张图在同一水平线上，且水平间距相等。

④单击"组合"按钮，将三张图组合成一个整体。

（5）绘制形状

①单击"插入"选项卡→"形状"按钮，选择菱形，在文中相应位置绘制菱形，在"绘图工具"选项卡中，设置形状填充为"黑色"，形状轮廓为"无轮廓"。

②按住"Ctrl"键，拖动已选定的形状，进行形状的复制与移动。

③按住"Shift"键，同时选定多个形状，单击鼠标右键，选择"组合"。

（6）设置文本框

①单击"插入"选项卡→"文本框"按钮，选择"绘制文本框"，拖动鼠

标绘制文本框，将文档底部的单行段落文本剪贴到文本框中。

②选择文本框，单击"绘图工具"选项卡→"形状样式对话框启动器"按钮，在弹出的"设置形状格式"对话框中，进行如下设置：

▶填充：图案填充"浅色下对角线"、前景色"巧克力黄，着色 2，深色50%"、背景色"白色"，如图 1.2.17 所示；

▶线型：宽度（2.5 磅）；

▶线条颜色：预设颜色（红色）、透明度（40%），如图 1.2.18 所示。

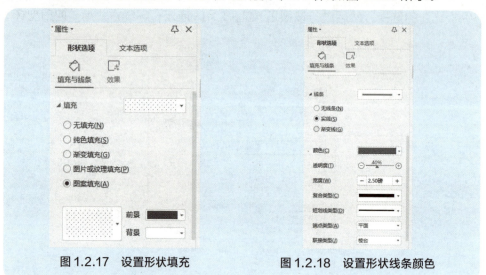

图 1.2.17　设置形状填充　　　　图 1.2.18　设置形状线条颜色

（7）打印设置

将光标定位在第一页，单击"文件"菜单→"打印"→"设置"中选定"范围中所有页面"以及"双面打印"，设置好之后单击"确定"按钮。

任务拓展　制作艺术小报

样文效果如图 1.2.19 所示。

①页面布局：上、下、左、右页边距均为 2.5 厘米。

②设计艺术字：将报头"文摘"两字设计成艺术字，艺术字样式为"渐变填充灰色，轮廓黑色，外部阴影左上斜偏移"，字体为华文新魏、初号、加粗。

③按样文效果插入横线及图片。

④设置文本框：根据样文设置各文本框的轮廓外观及环绕方式。

⑤将文章"最珍贵的礼物"分成两栏，并添加分隔线。

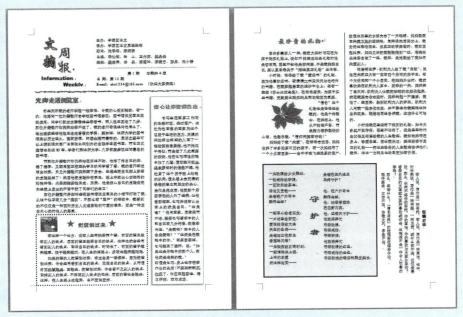

图 1.2.19　艺术小报样文效果图

⑥文章"守护者"的设置：将左侧、右侧及中间的标题文本分别放到 3 个文本框中，将 3 个文本框设置为无填充颜色、无轮廓，然后绘制一个矩形，填充淡黄色，轮廓设为 2.25 磅的黑色实心线条，将该矩形置于底层。

任务 1.3　长文档格式编排

💬 任务描述

本任务通过对一个长文档进行格式的编排，来学习样式的定义与应用、多级列表样式的设置、页眉页码的添加，以及目录的自动生成等操作，样文目录页面效果如图 1.3.1 所示，样文内容页面效果如图 1.3.2 所示。

💬 任务分析

对于长文档，最好是先设置好格式，然后再往里面填内容，这样会更方便。长文档通常设有章、节等多级标题，所以需要设置好各级标题的样式，在编写完内容后依据这些标题来自动生成目录；此外，页眉、页码的设置也是长文档中比较常见的，本任务要求奇偶页设置不同的页眉；为了简化操作，本任务没有放入图片、表格等内容。

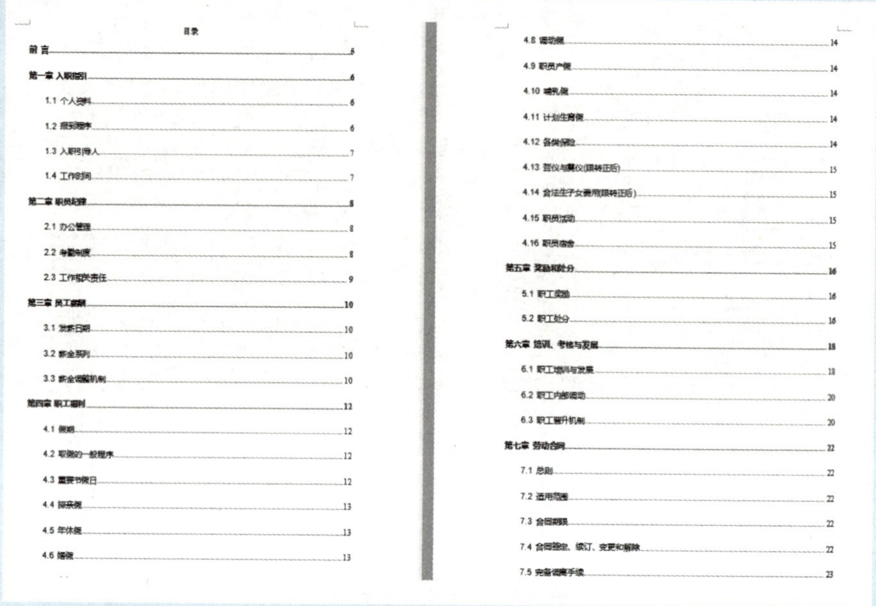

目录

前言……5
第一章 入职指引……6
1.1 个人资料……6
1.2 报到程序……6
1.3 入职引导人……7
1.4 工作时间……7
第二章 职员纪律……8
2.1 办公管理……8
2.2 考勤制度……8
2.3 工作相关责任……9
第三章 员工薪酬……10
3.1 发薪日期……10
3.2 薪金系列……10
3.3 薪金调整机制……10
第四章 职工福利……12
4.1 假期……12
4.2 取假的一般程序……12
4.3 重要节假日……12
4.4 探亲假……13
4.5 年休假……13
4.6 婚假……13

4.8 调动假……14
4.9 职员产假……14
4.10 哺乳假……14
4.11 计划生育假……14
4.12 各类保险……14
4.13 婚仪与丧仪(跟转正后)……15
4.14 合法生子女费用(跟转正后)……15
4.15 职员活动……15
4.16 职员宿舍……15
第五章 奖励和处分……16
5.1 职工奖励……16
5.2 职工处分……16
第六章 培训、考核与发展……18
6.1 职工培训与发展……18
6.2 职工内部调动……20
6.3 职工晋升机制……20
第七章 劳动合同……22
7.1 总则……22
7.2 适用范围……22
7.3 合同期限……22
7.4 合同签定、续订、变更和解除……22
7.5 完备调离手续……23

图 1.3.1　样文目录页面效果

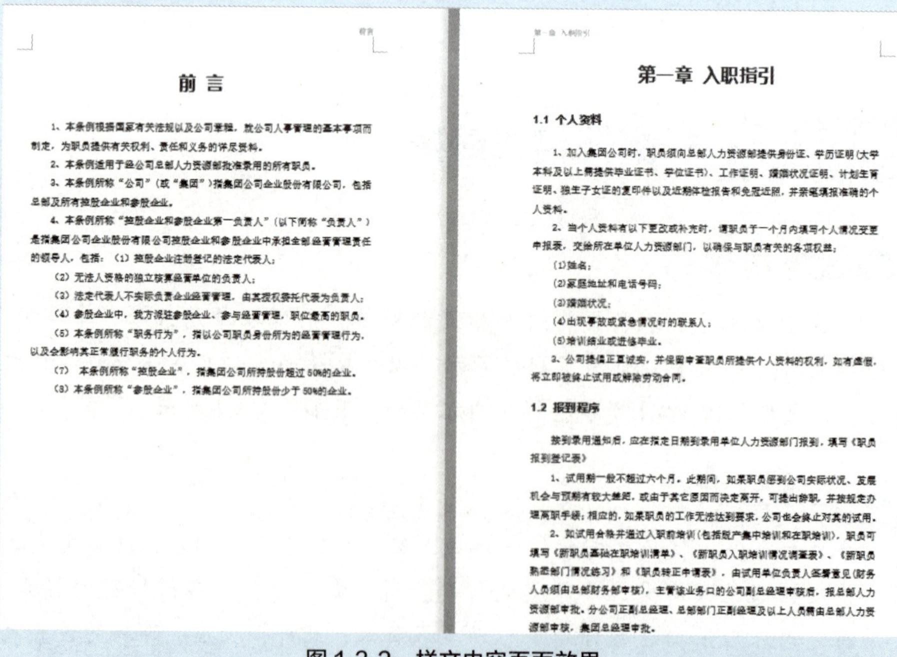

前言

1、本条例根据国家有关法规以及公司章程，就公司人事管理的基本事项而制定，为职员提供有关权利、责任和义务的详尽资料。

2、本条例适用于经公司总部人力资源部批准录用的所有职员。

3、本条例所称“公司”（或“集团”）指集团公司企业股份有限公司，包括总部及所有控股企业和参股企业。

4、本条例所称“控股企业和参股企业第一负责人”（以下简称“负责人”）是指集团公司企业股份有限公司控股企业和参股企业中承担全部经营管理责任的领导人，包括：（1）控股企业注册登记的法定代表人；

（2）无法人资格的独立核算经营单位的负责人；

（3）法定代表人不实际负责企业经营管理，由其授权委托代表为负责人；

（4）参股企业中，我方派驻参股企业、参与经营管理，职位最高的职员。

（5）本条例所称“职务行为”，指以公司职员身份所为的经营管理行为，以及会影响其正常履行职务的个人行为。

（7） 本条例所称“控股企业”，指集团公司所持股份超过 50%的企业。

（8）本条例所称“参股企业”，指集团公司所持股份少于 50%的企业。

第一章 入职指引

第一章 入职指引

1.1 个人资料

1、加入集团公司时，职员须向总部人力资源部提供身份证、学历证明(大学本科及以上需提供毕业证书、学位证书)、工作证明、婚姻状况证明、计划生育证明、独生子女证的复印件以及近期体检报告和免冠近照，并亲笔填报准确的个人资料。

2、当个人资料有以下更改或补充时，请职员于一个月内填写个人情况变更申报表，交给所在单位人力资源部门，以确保与职员有关的各项权益：

(1)姓名；

(2)家庭地址和电话号码；

(3)婚姻状况；

(4)出现事故或紧急情况时的联系人；

(5)培训结业或进修毕业。

3、公司提倡正直诚实，并保留审查职员所提供个人资料的权利，如有虚假，将立即被终止试用或解除劳动合同。

1.2 报到程序

接到录用通知后，应在指定日期到录用单位人力资源部门报到，填写《职员报到登记表》

1、试用期一般不超过六个月。此期间，如果职员感到公司实际状况、发展机会与预期有较大差距，或由于其它原因而决定离开，可提出辞职，并按规定办理离职手续；相应的，如果职员的工作无法达到要求，公司也会终止对其的试用。

2、如试用合格并通过入职前培训(包括脱产集中培训和在职培训)，职员可填写《新职员基础在职培训清单》、《新职员入职培训情况调查表》、《新职员熟悉部门情况练习》和《职员转正申请表》，由试用单位负责人签署意见(财务人员须由总部财务部审核)，主管该业务口的公司副总经理审核后，报总部人力资源部审批。分公司正副总经理、总部部门正副经理及以上人员需由总部人力资源部审核，集团总经理审批。

图 1.3.2　样文内容页面效果

知识准备

1.3.1 样式

样式是指用有意义的名称保存的字符格式和段落格式的集合。在编排重复格式时，先创建一个该格式的样式，然后在需要的地方套用这种样式，就无须一次次地对它们进行重复的格式化操作了。

（1）应用样式

选中需要应用样式的文本内容，单击"开始"选项卡→"快速样式"按钮，选择需要的样式。

（2）编辑样式

如果对系统提供的内置样式不满意，可以对其进行修改，在快速样式中右键单击某一样式名称，选择"修改"命令，在弹出的"修改样式"对话框中重新设置样式的字体、段落等格式。

（3）新建样式

用户可以根据需要创建新样式。在"样式"选项组中单击右下角的 ⌐ 按钮，打开"样式"窗格，单击"新建样式"按钮，如图 1.3.3 所示，弹出"新建样式"对话框，如图 1.3.4 所示。

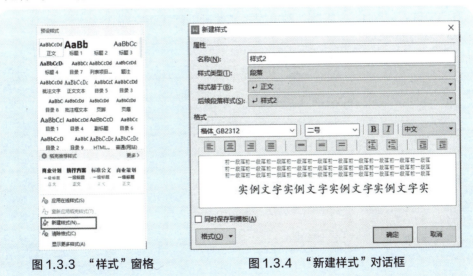

图 1.3.3 "样式"窗格　　　　图 1.3.4 "新建样式"对话框

在"名称"文本框中输入新建样式的名称，单击"样式类型"下拉按钮，从弹出的菜单中选择"段落"选项，在"格式"组中设置字体、字号、对齐等选项，单击"格式"按钮进行其他格式的设置，最后单击"确定"按钮，即可完成样式的创建操作。

1.3.2　模板

样式是针对文本和段落格式设定的，而模板是针对整篇文档的格式设定的，包括样式、页面设置、自动图文集、文字等。WPS 中内置了文档模板，如稿纸打印版模板、书法模板等，另外，稻壳模板提供了更多的特定模板，模板的分类基本满足日常工作使用，借助这些模板，用户可以创建比较专业的文档。

（1）使用模板创建新文档

打开 WPS 2019 文字软件，单击"文件"菜单→"新建"命令，在右侧的面板中选择"本机上的模板"，打开模板列表页，选择合适的模板，单击"确定"按钮，创建新文档。

（2）创建新模板

除了内置模板之外，用户还可以创建新的模板。在文档中设置好格式及样式之后，单击"文件"菜单→"另存为"命令→"WPS 文字模板文件"或"Word 97-2003 模板文件"，设置好相应的保存路径及文件名，单击"保存"按钮即可，如图 1.3.5 所示。双击模板文件可以创建新文档。

图 1.3.5　保存模板文件

1.3.3　分隔符

（1）分页符

WPS 2019 文字具有自动分页功能，当输入的内容超过一页时，将自动创建新的一页。但有时一页未满，又希望重新开始新的一页时，则可通过插入人工分页符来实现。将光标定位到待插入分页符处，单击"页面布局"选项卡→"分隔符"按钮，选择"分页符"，即可实现人工分页。

（2）分节符

在一篇长文档中，有时会有许多章节，各章节在页边距、页面的大小、页眉和页脚的设置等方面可能会有不同，这时可采用插入分节符的方法来解决。分节后每一节内容都可单独设置页边距、页面大小、页眉和页脚等。将光标定位到要分节的位置，单击"页面布局"选项卡→"分隔符"，在下拉菜单中选择"分节符"类型中的一种即可。

1.3.4　页眉和页脚

页眉和页脚常用来插入标题、日期、页码、公司徽标等，分别位于文档页面的顶部和底部。单击"插入"选项卡→"页眉页脚"按钮，在"页眉页脚"选项卡中设置页眉页脚，如图 1.3.6 所示。

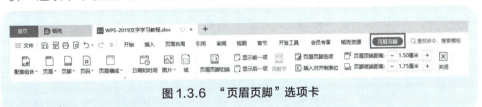

图 1.3.6　"页眉页脚"选项卡

（1）设置页眉和页脚

单击"页眉页脚切换"按钮，可以在页眉和页脚之间进行切换。如果长文档中，不同的节需要设置不同的页眉，则应该单击"同前节"按钮，然后在"是否删除该页眉页脚，并链接到前一节？"对话框中单击"确定"按钮，在不同节中分别设置不同的页眉或页脚。

（2）添加页码

单击"页眉页脚"中的"页码"按钮，选择页码插入的位置进行插入，如果需要设置页码的编号格式或是起始页码，则可以单击"页码"命令，在弹出的"页码"对话框中进行设置。

1.3.5 脚注和尾注

脚注和尾注是对文本的补充说明。脚注一般位于页面的底部，可以作为文档某处内容的注释；尾注一般位于文档的末尾，列出引文的出处等。在WPS 2019文字中，脚注与尾注的操作按钮在"引用"选项卡中，如图1.3.7所示。

图1.3.7 "引用"选项卡

脚注和尾注均由两部分组成，即注释引用标记和其对应的文本。

（1）插入脚注和尾注

把光标定位到正文需要进行注释的地方，单击"引用"选项卡→"插入脚注"按钮（或"插入尾注"按钮），正文中会自动进行编号，并且此时光标定位在页脚处（或文档末尾处）等待输入脚注内容（或尾注内容）。

（2）修改脚注和尾注格式

如果需要修改脚注和尾注的编号格式，可以单击"脚注"组中右下角的 ⌐ 按钮，打开如图1.3.8所示的"脚注和尾注"对话框，在"格式"区域进行设置。

在"脚注和尾注"对话框中也可以实现"脚注"和"尾注"的转换。

单击"脚注/尾注分隔线"按钮，可以取消或显示脚注/尾注的分隔线。

图1.3.8 "脚注和尾注"对话框

1.3.6 生成目录

长文档中通常会有目录，方便内容的查阅，在 WPS 2019 文字中可以根据设置的文档格式自动生成目录，并可通过目录直接定位到某个段落。

（1）生成目录

目录依据大纲级别生成，大纲级别 1 的等级最高，大纲级别 1 包含大纲级别 2、3、4、5……大纲级别 2 包含大纲级别 3、4、5、6……以此类推。如果想做多层目录，修改标题样式的大纲级别即可，如"标题 1"的大纲级别为 1，"标题 2"的大纲级别为 2，以此类推。设置大纲级别的操作如图 1.3.9 所示。

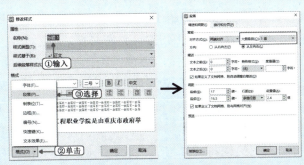

图 1.3.9 设置大纲级别

将文本各级标题分别应用上"标题 1""标题 2""标题 3"等样式，将光标定位到待插入目录的位置，单击"引用"选项卡→"目录"按钮，选择一种智能目录，即可生成目录，如果想自定义目录外观，可以在下拉菜单中选择"自定义目录"进入"目录"对话框进行设置。

（2）更新目录

当对文档标题进行了修改或是对内容进行了增删之后，需要更新目录，使目录与内容一致，在目录处单击右键，选择"更新域"，弹出"更新目录"对话框，选择"更新整个目录"或"只更新页码"，如图 1.3.10 所示。

图 1.3.10 更新目录

💬 任务要求

打开素材文件"公司员工手册（素材）.docx"，按如下要求进行编辑。

①页面设置：上、下、左、右页边距均设置为2.54厘米，装订线为1厘米。

②标题1样式：适用于章标题（蓝色文字），微软雅黑，二号加粗，段前、段后各1行，单倍行距，左右缩进为0，居中显示，段前分页（应用该样式的文字须另起一页）。

③标题2样式：适用于节标题（红色文字），微软雅黑，三号加粗，段前、段后各12磅，单倍行距，左右缩进为0，居中显示。

④标题3样式：适用于小节标题（金色文字），微软雅黑，四号加粗，段前、段后各6磅，单倍行距，左右缩进为0，左对齐。

⑤正文样式：正文为小四号宋体，20磅行距，首行缩进2字符。

⑥添加多级编号：将"标题1"前添加多级编号"第一章，第二章……"；"标题2"前添加多级编号"1.1，1.2……"；"标题3"前添加多级编号"1.1.1，1.1.2……"。

⑦插入分节符：在文档每一章与下一章之间插入分节符，在总则前添加目录页，并且在目录与总则之间插入分节符。

⑧设置页眉：从手册正文开始设置页眉，其中：奇数页的页眉，右侧为章名；偶数页的页眉，左侧为文档标题。

⑨设置页脚：底端、外侧；页码格式：第X页，起始页码为1。

⑩添加注脚：为"第一章　总则"中的第二条添加一个脚注，脚注内容为"如本手册有与法律法规相悖之处，以法律法规中的内容为准"。

⑪生成目录：生成三级标题目录。要求：目录中"标题1"显示为黑体小四，"标题2"和"标题3"均为宋体五号，其中"目录"文本的格式为"居中、小一、隶书"，注意目录页既无页眉也无页码。

⑫请自行设置封面和封底。

🔵 任务实施

（1）页面设置

单击"页面布局"选项卡→"页边距"按钮，选择"自定义页边距"，在弹出的"页面设置"对话框中选择"页边距"选项卡进行设置，如图1.3.11所示。"多页"选框中选择"对称页边距"，在页边距中设置上、下、左、右的值均为2.54厘米，装订线为1厘米。

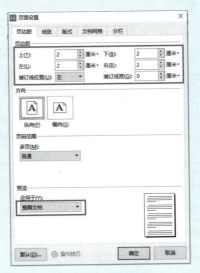

图 1.3.11　页面设置

（2）样式的定义及应用

①修改"标题 1"样式：单击"开始"选项卡，找到样式库中的"标题 1"样式，右键单击"标题 1"样式，选择"修改"命令，在弹出的"修改样式"对话框中单击"格式"按钮，分别对"字体"和"段落"按要求进行设置，如图 1.3.12 所示。

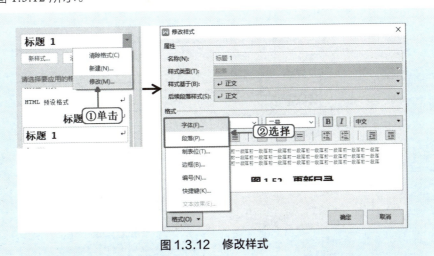

图 1.3.12　修改样式

②按照上述方法继续修改"标题 2""标题 3"及"正文"样式。

③应用样式：选中文本内容，单击相应的样式，将样式应用到文本上。

（3）定义多级列表

单击"开始"选项卡→"多级列表"按钮，选择"定义新多级列表"，在弹出的"定义新多级列表"对话框中单击"更多"按钮，展开更多的设置选项进行设置，定义 1 级列表如图 1.3.13 所示，定义 2 级列表如图 1.3.14 所示，定义 3 级列表如图 1.3.15 所示。

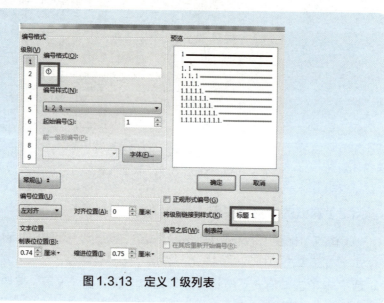

图 1.3.13 定义 1 级列表

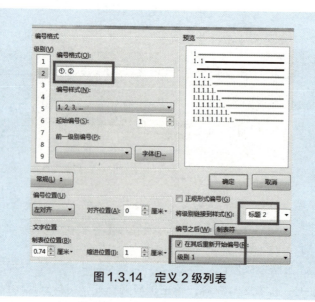

图 1.3.14 定义 2 级列表

图 1.3.15　定义 3 级列表

定义好 3 级列表后，单击"确定"按钮，各级标题前将自动添加上相应编号。

（4）插入分节符

单击"页面布局"选项卡→"分隔符"按钮，选择"下一页分节符"命令，在总则与目录之间以及每一章之间都插入一个分节符。

（5）设置页眉页脚

①插入页眉：单击"插入"选项卡→"页眉页脚"，此时光标会跳转到页眉处。

②编辑页眉：分别编辑每一章（也是每一节）的页眉，单击"同前节"按钮，取消选中导航组中"是否删除该页眉页脚，并链接到前一节？"，在"版式"中，勾选"奇偶页不同"，如图 1.3.16 所示，然后分别在奇数页页眉的右侧输入章标题，在偶数页页眉的左侧输入文档标题。

③设置页码：单击"插入"选项卡→"页码"按钮，选择"页面底端"类中的一种页码样式，如果某一章的页码与前面的页码不连续，则需要设置页码格式，单击"插入"选项卡→"页码"按钮，选择"页码编号"，在对话框中选中"续前节"选项，如图 1.3.17 所示。

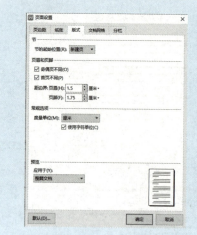

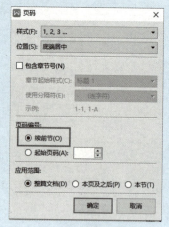

图 1.3.16　设置页眉　　　　图 1.3.17　设置页码格式

（6）插入脚注

将光标定位到总则第二条的末尾处，单击"引用"选项卡→"插入脚注"按钮，此时光标自动定位到页脚处，输入脚注内容"如本手册有与法律法规相悖之处，以法律法规中的内容为准"。

（7）生成目录

单击"引用"选项卡→"目录"按钮，选择"插入目录"命令，在弹出的下拉菜单中，单击要设置的目录格式菜单项，如图 1.3.18 所示；如需自定义目录，可以单击"引用"选项卡→"目录"→"自定义目录"，在弹出的"目录"对话框中进行修改，如图 1.3.19 所示。

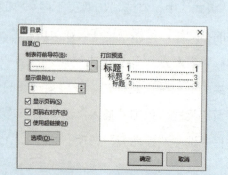

图 1.3.18　目录格式菜单　　　　图 1.3.19　"目录"对话框

任务拓展　编排毕业论文

样文部分页面效果展示如图 1.3.20 和图 1.3.21 所示。

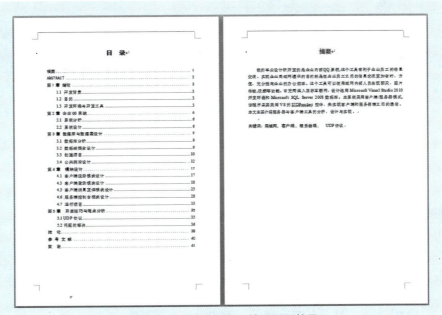

图 1.3.20　论文目录及摘要页面效果

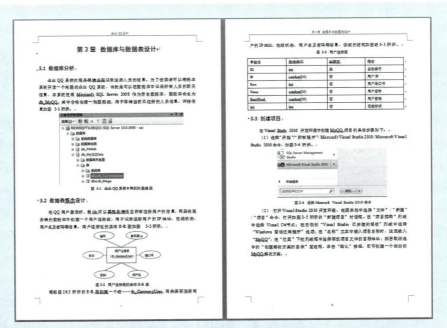

图 1.3.21　论文内容页面效果图

（1）页面要求

论文须用 A4 纸印刷，版心大小为 155 mm×253 mm，页眉一般为 11 mm（即页眉至正文的距离），页脚一般为 11 mm（即正文至页码的距离），上、下页边距为 22 mm，左、右边距为 25 mm，每页 35 行，每行 35 字。

（2）字体和字号

①各章题序及标题：小 2 号黑体，上下各空一行。

②各节一级题序及标题：小 3 号黑体，上下各空 12 磅。

③各节的二级题序及标题：4 号黑体，上下各空 6 磅。

④正文用小 4 号宋体。

⑤页眉用小 5 号宋体。

（3）页眉和页码

论文各页均应加页眉，奇数页页眉为论文题目，偶数页页眉为章标题。页码在版心下边线居中放置，为阿拉伯数字，从正文第 1 章开始设置页码。

（4）摘要及关键词

摘要题头应居中，中文摘要字样如下：

摘　要（小 2 号黑体）

然后隔行书写摘要的文字部分，字体为小 4 号宋体。

摘要文字部分后隔一行顶格（齐版心左边线）印有：

关键词：　　　词；　　　词；…；　　　词
　　↑　　　　　　　　　　↑

（小 4 号黑体）　　（关键词 3～5 个，黑体小 4 号字）

英文摘要字样为：

Abstract（小 2 号 Times New Roman 加粗）

然后隔行书写摘要的文字部分，字体为小 4 号 Times New Roman。

摘要文字部分后隔一行顶格（齐版心左边线）印有：

Key Words：　　　；　　　；…；
　　↑

（小 4 号 Times New Roman 加粗）

（5）目录

目录中各章题序及标题用小 4 号黑体，其余用小 4 号宋体。

（6）图表的命名

每个表均应有表题（由表序号和表名组成）。表序号按章编排，如第 1 章第 1 个表的序号为“表 1-1”等，表序号与表名置于表上方，居中书写，采用 5 号宋体。

每个图均应有图题（由图序号和图名组成）。图序号按章编排，如第 1 章第 1 图的序号为“图 1-1”等，图题置于图下方，居中书写，采用 5 号宋体。

任务 1.4 制作求职简历

任务描述

本任务通过制作个人求职简历来学习 WPS 2019 文字中表格的创建、编辑和格式设置，同时让读者认识到使用 WPS 文字除了可以进行文字编辑和图文编辑外还可以设计出任意格式的表格文档，页面效果如图 1.4.1 所示。

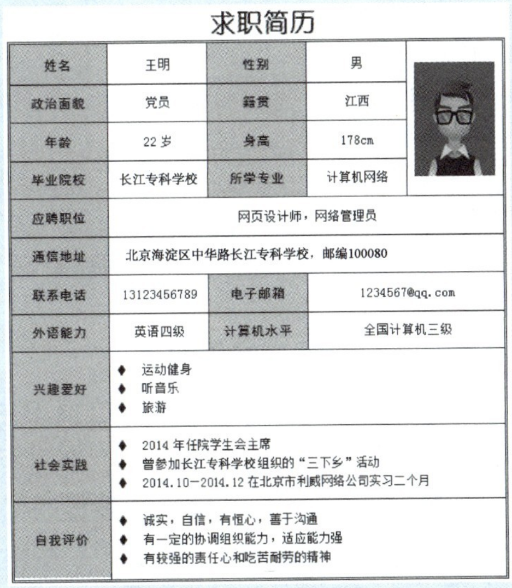

求职简历

姓名	王明	性别	男	
政治面貌	党员	籍贯	江西	
年龄	22 岁	身高	178cm	
毕业院校	长江专科学校	所学专业	计算机网络	
应聘职位	网页设计师，网络管理员			
通信地址	北京海淀区中华路长江专科学校，邮编100080			
联系电话	13123456789	电子邮箱	1234567@qq.com	
外语能力	英语四级	计算机水平	全国计算机三级	
兴趣爱好	◆ 运动健身 ◆ 听音乐 ◆ 旅游			
社会实践	◆ 2014 年任院学生会主席 ◆ 曾参加长江专科学校组织的“三下乡”活动 ◆ 2014.10—2014.12 在北京市利威网络公司实习二个月			
自我评价	◆ 诚实，自信，有恒心，善于沟通 ◆ 有一定的协调组织能力，适应能力强 ◆ 有较强的责任心和吃苦耐劳的精神			

图 1.4.1 求职简历效果图

任务分析

求职简历的制作主要用到了 WPS 2019 文字中有关表格的编辑和排版。主要包括表格的创建、表格的格式设置、自动套用格式、表格的转换、表格数据的排序和计算、邮件合并等操作。

插入表格

● 知识准备

1.4.1　插入表格

（1）使用网格创建表格

　　首先将光标定位到需要创建表格的位置，再单击"插入"选项卡→"表格"按钮，会出现一个表格行数和列数的选择区域，如图1.4.2所示。拖动鼠标左键选择表格的行数和列数，释放鼠标就可在文档中出现相应的表格。

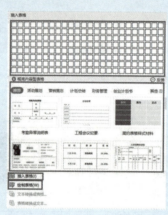

图1.4.2　"表格"按钮下拉框

（2）使用"插入表格"对话框创建表格

　　单击"插入"选项卡→"表格"按钮，在下拉菜单中选择"插入表格"选项，弹出"插入表格"对话框，如图1.4.3所示；在"行数"和"列数"框中输入行列数，还可以在"列宽选择"选项组中设置表格的列宽，或者单击"自动列宽"单选按钮来创建表格；最后单击"确定"按钮即可插入表格。

图1.4.3　"插入表格"对话框

（3）手动绘制表格

单击"插入"选项卡→"表格"按钮，在下拉菜单中选择"绘制表格"选项，如图 1.4.2 所示，鼠标将转变为"笔"的样式；在文档空白处，通过拖动鼠标左键可以绘制出表格的边框，如图 1.4.4 所示。

图 1.4.4　绘制表格

完成表格的绘制后，按下键盘上的"Esc"键，或者单击"表格工具"功能区→"绘制表格"按钮，可以结束表格绘制状态，如图 1.4.5 所示。

图 1.4.5　绘制表格

（4）快速插入表格

单击"插入"选项卡→"表格"按钮→"稻壳内容型表格"，如图 1.4.2 所示，可以更方便、快捷地创建好表格。

1.4.2　输入表格内容

表格中的每一个小格称为单元格。要在单元格中输入内容，需要在单元格中单击鼠标左键，或者使用方向键将光标移动到单元格中，然后再输入内容。每输入完一个单元格内容，按下"Tab"键，光标将移到下一个单元格。

1.4.3　编辑表格

（1）选定表格

①选定单元格：将鼠标指针移至单元格的左侧，当鼠标指针变为一个指向右上方的黑色箭头时，单击可选定该单元格。

②选定行：将鼠标指针移至行的左侧，当鼠标指针变为一个指向右上方的白色箭头时，单击可选定该行；如上下拖动鼠标，则拖动过的行被选中。

③选定列：将鼠标指针移至列的上方，当鼠标指针变为一个指向下方的

黑色箭头时，单击可选定该列；如水平拖动鼠标，则拖动过的列被选中。

④选定连续单元格：在单元格上拖动鼠标，拖动的起始位置和终止位置间的单元格将被选定；也可单击起始位置的单元格，然后按住"Shift"键，同时单击终止位置的单元格，这样起始位置和终止位置间的单元格也将被选定。

⑤选定不连续单元格：按住"Ctrl"键，同时拖动鼠标，可以选定不连续的单元格。

⑥选定整个表格：单击表格左上角的"十字花"标记，可选择整个表格。

（2）移动或复制单元格、行和列

对单元格的移动或复制操作可以通过鼠标拖动或剪贴板来完成。首先用鼠标选定单元格，然后按下鼠标左键拖动鼠标即可；如果在拖动过程中按住"Ctrl"键，可以将选定的单元格复制到新的位置。行和列的移动或复制操作类似。

（3）插入单元格、行和列

①在表格中插入行：首先选定表格中要插入新行的位置，然后单击"表格工具"功能区→"在上方插入行"或"在下方插入行"按钮，如图1.4.6所示。也可以在选定行后，右击鼠标，在弹出的快捷菜单中选择"插入"命令，弹出子菜单，再选定"在上方插入行"或"在下方插入行"选项。

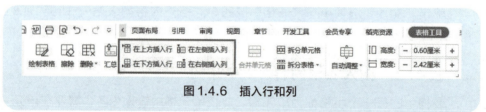

图1.4.6　插入行和列

此外，将光标移动到表格中某一行的最后一列单元格的后面，按下"Enter"键，也可在这一行的后面插入一个新行。或者将光标移动到表格中第一列的边框后，单击" ⊕"或"⊖"，可以增加或删除表行，如图1.4.7所示。

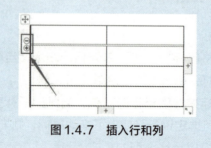

图1.4.7　插入行和列

②在表格中插入列：与插入行的方法相同，可以在选定列的左侧或右侧插入与选定列数相同的列。

③插入单元格：选定插入位置上的单元格，右键单击鼠标，在弹出的快捷菜单中选择"插入"命令，在弹出的子菜单中，再选择"插入单元格"选项；也可以选定单元格后，单击"表格工具"功能区→"插入行列"右下角的按钮⌐，这也将打开"插入单元格"对话框，如图 1.4.8 所示。

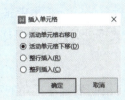

图 1.4.8 "插入单元格"对话框

（4）删除单元格、行、列和表格

先选中要删除的单元格、行、列或表格，然后单击"表格工具"功能区→"删除"按钮，将会弹出一个下拉菜单，如图 1.4.9 所示，再选择相应的选项。删除行后，被删除行下方的行自动上移；删除列后，被删除列右侧的列自动左移。

图 1.4.9 表格"删除"下拉菜单

（5）合并和拆分单元格

合并单元格是将两个或两个以上的单元格合并成一个单元格，拆分单元格是将一个单元格拆分成两个或多个单元格。

①合并单元格：首先选定要合并的两个或多个单元格，再单击"表格工具"功能区→"合并单元格"按钮，如图 1.4.10 所示；也可以单击鼠标右键，在弹出的快捷菜单中选择"合并单元格"选项。

②拆分单元格：选定要拆分的一个或多个单元格，单击"表格工具"功能区→"拆分单元格"按钮；也可以单击鼠标右键，在快捷菜单中选择"拆分单元格"选项，在弹出的"拆分单元格"对话框中输入拆分的行数和列数，

如图 1.4.10 所示。

图 1.4.10　合并 / 拆分单元格

③拆分表格：首先选定要拆分处的行，再单击"表格工具"功能区→"拆分表格"按钮，一个表格就从光标处分成两个表格。

（6）移动和缩放表格

①移动表格：可将鼠标指针指向表格左上角的移动标记，如图 1.4.11 所示；然后按下左键拖动鼠标，拖动过程中会有一个虚线框跟着移动，当虚线框到达需要的位置后，松开左键即可将表格移动到指定位置。

②缩放表格：可将鼠标指针指向表格右下角的缩放标记，如图 1.4.11 所示；然后按下左键拖动鼠标，拖动过程中也有一个虚线框表示缩放尺寸，当虚线框尺寸符合需要后，松开左键即可将表格缩放为需要的尺寸。

图 1.4.11　移动和缩放标记

（7）改变行高和列宽

①将鼠标指针指向需移动的行线，当指针变为 ⊖ 状时，按下左键拖动鼠标可移动行线，从而改变行高。

②将鼠标指针指向需移动的列线，当指针变为 ↔ 状时，按下左键拖动鼠标可移动列线，从而改变列宽。

③如果要准确地指定表格大小、行高和列宽，则要先选定行、列、表格或单元格，再在"表格工具"功能区的"高度 / 宽度"组中，输入相应的高度值和宽度值，如图 1.4.12 所示。

图 1.4.12　设置单元格大小

④平均分布各行 / 各列：如果需要表格的行高或列宽相等，则可以使用平均分布各行 / 各列的功能。该功能可以将选择的每一行或每一列都使用平均值作为行高或列宽。设置时，首先选定行或列，然后单击"表格工具"功能区→"自动调整"→"平均分布各行"或"平均分布各列"按钮；也可以选定对象后，单击鼠标右键，在快捷菜单中选择"平均分布各行"或"平均分布各列"选项，如图 1.4.13 所示。

⑤自动调整：首先将光标放在要调整的表格中，再单击"表格工具"功能区→"布局"选项卡→"单元格大小"组→"自动调整"按钮，在弹出的下拉框中选择需要的命令，如图 1.4.14 所示。

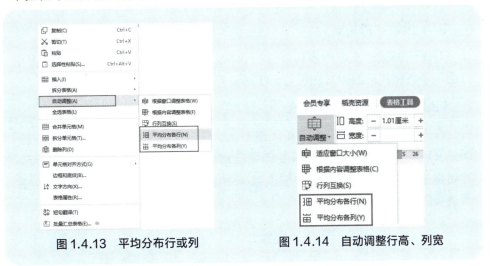

图 1.4.13　平均分布行或列　　　　图 1.4.14　自动调整行高、列宽

（8）绘制斜线表头

斜线表头是指使用斜线将一个单元格分隔成多个区域，然后在每一个区域中输入不同的内容，如图 1.4.15 所示。

图 1.4.15　斜线表头

首先把光标定位到单元格中，然后单击"表格样式"功能区→"绘制斜线表头"按钮，将会弹出一个对话框，如图 1.4.16 所示。也可以直接手动绘制斜线表头。

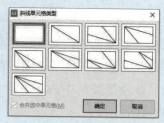

图 1.4.16　斜线表头

1.4.4　设置表格

（1）设置字符格式

对单元格里的文本内容可以进行字体、字号、颜色等设置，这和前面所介绍的字符格式设置的方法相同，都需要先选定内容再进行设置。

（2）设置单元格对齐方式

首先选定需要对齐文本的单元格，在"表格工具"功能区→"对齐方式"组的 9 种对齐方式中，根据需要选取任意一种对齐方式，如图 1.4.17 所示。或者单击鼠标右键，在弹出的快捷菜单中单击"单元格对齐方式"命令，然后选择相应的对齐方式。

图 1.4.17　单元格对齐方式

（3）设置文字方向

首先选定需要改变文字方向的单元格，然后单击"表格工具"功能区→"文字方向"按钮，如图 1.4.17 所示，就能改变当前单元格的文字方向为横向或者竖向。

（4）设置表格在页面中的位置

设置表格在页面中的位置包括设置表格的对齐方式和文字环绕方式。将光标移至表格中任意单元格内，单击"表格工具"功能区→"表格属性"按钮，将弹出"表格属性"对话框，如图 1.4.18 所示。在对话框的"表格"选项卡中可以进行表格的对齐方式和文字环绕方式的设置。

图 1.4.18 "表格属性"对话框

（5）表格的边框和底纹

首先选定要设置边框和底纹的单元格，然后单击"表格样式"功能区→"边框"或"底纹"按钮，如图 1.4.19 所示，完成表格边框和底纹的设置。操作方式和任务 1 中文本边框和底纹设置的方法类似。

图 1.4.19 表格的边框和底纹

（6）自动套用格式

自动套用格式是 WPS 2019 文字中提供的现有的表格样式，其已经定义好了表格中的各种格式，用户可以直接选择使用，而不必逐个设置。首先选定要设置的表格，然后在"表格样式"功能区中选择需要的表格样式，如图 1.4.20 所示。

图1.4.20　表格的自动套用格式

1.4.5　表格与文字相互转换

Word可以将文档中的表格内容转换为以逗号、制表符、段落标记或其他指定字符分隔的普通文本，也可以将文本转换为表格。

（1）表格转换为文本

用鼠标选定表格，然后再选择"表格工具"功能区→"转换成文本"按钮，在弹出的"表格转换成文本"对话框中设置要当作文字分隔符的符号，如图1.4.21所示，最后单击"确定"按钮即可。

（2）文本转换为表格

如果要把文字转换成表格，文字之间必须用分隔符分开，分隔符可以是段落标记、逗号、空格、制表符或其他特定字符。首先选定要转换为表格的正文，单击"插入"选项卡→"表格"下拉按钮，再选定"文本转换成表格"选项，在弹出的"将文字转换成表格"对话框中设置相应的选项，如图1.4.22所示。

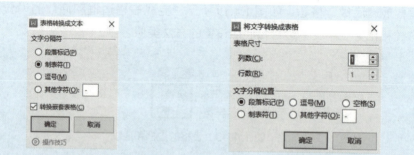

图1.4.21　"表格转换成文本"对话框　　　图1.4.22　"将文字转换成表格"对话框

1.4.6　表格排序与计算

（1）表格中数据的排序

排序分为升序和降序两种，WPS 2019文字可以对列方向上的数据进行排序，但不能对行方向上的数据进行排序。具体操作是首先选中表格内任一单元格，单击"表格工具"功能区→"排序"按钮，如图1.4.23所示，会弹出"排序"对话框，如图 1.4.24 所示。从"主要关键字""次要关键字"等下拉列表中选择要作为排序依据的列标题，在右侧选择排序类型，单击"确定"按钮后，将以所选列为排序基准对整个表格中的数据进行排序。

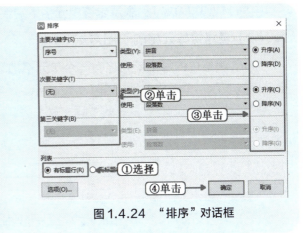

图 1.4.23　"排序"按钮　　　　　图 1.4.24　"排序"对话框

（2）表格中数据的计算

WPS 2019 文字提供了对表格数据进行求和、求平均值等常用的统计计算功能。利用这些计算功能可以对表格中的数据进行计算。

在表格中进行计算的操作是首先单击要放置计算结果的单元格，然后单击"表格工具"功能区→"公式"按钮，如图 1.4.25 所示；会弹出"公式"对话框，如图 1.4.26 所示。在"公式"文本框中输入求和公式，也可以修改其中的函数名称或引用范围，或在"粘贴函数"下拉列表中选择函数，单击"确定"后单元格中即可显示计算结果。

图 1.4.25　"公式"按钮　　　　　图 1.4.26　"公式"对话框

常用的函数有 SUM（总和）、AVERAGE（平均值）、MAX（最大值）、MIN（最小值）等。而求值区域可以用区域的单词表示，也可以用单元格区域表示。以求和为例，在"公式"对话框的"公式"列框里输入"＝SUM（求值区域）"，如：

=SUM（LEFT）：表示求该单元格左侧的数据之和；

=SUM（RIGHT）：表示求该单元格右侧的数据之和；

=SUM（ABOVE）：表示求该单元格上端数据之和；

=SUM（BELOW）：表示求该单元格下端数据之和。

（3）表格中单元格的引用方式

Word 表格中的每个单元格有一个单元格地址，列以英文字母表示，行以自然序数表示，单元格地址如图 1.4.27 所示。

	A	B	C
1	A1	B1	C1
2	A2	B2	C2
3	A3	B3	C3
4	A4	B4	C4
5	A5	B5	C5

图 1.4.27　单元格地址

1.4.7　邮件合并

WPS 的邮件合并功能主要在批量填写格式相同、只有少数内容不同的表格时使用。例如，期末发给学生的成绩报告单，课程的信息都是一样的，只是每个学生的成绩不一样，这就可以使用 WPS 的邮件合并功能批量完成。邮件合并的过程主要分为以下 4 个步骤。

（1）制作主文档和数据源

①新建一个 WPS 文档（主文档），录入相同内容，不同内容处留空，如图 1.4.28 所示，命名保存。

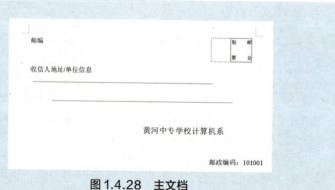

图 1.4.28　主文档

②再利用 WPS 表格文件或者 Access 数据库创建一个表格（数据源），表

格的首行为标题行，其他行为数据行，用于录入不同内容，如图 1.4.29 所示，命名保存。

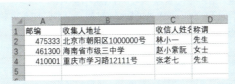

图 1.4.29　数据源

（2）建立主文档与数据源的连接

①关闭数据源文件，打开主文档，单击"引用"选项卡→"邮件"按钮，在弹出的菜单中选择"打开数据源"命令，如图 1.4.30 所示。

图 1.4.30　打开数据源

②在弹出的对话框中选择相应的数据源文件并单击下方"打开"按钮，如图 1.4.31 所示。

图 1.4.31　选择数据源

③在打开的"邮件合并"菜单中单击"插入合并域"，弹出的对话框中会显示数据源中所有的列标题，如图 1.4.32 所示。在下拉菜单中单击相应的选项，将数据源一项一项插入主文档相应的位置，如图 1.4.33 所示。

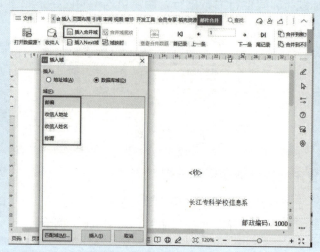

图1.4.32　插入合并域

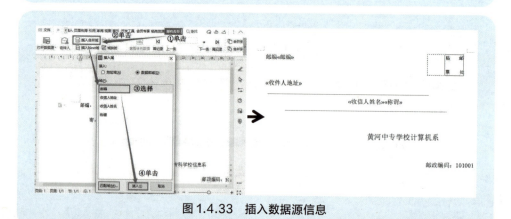

图1.4.33　插入数据源信息

（3）完成邮件合并

在打开的"邮件合并"菜单中单击"合并到新文档"或者"合并到不同新文档"（区别在于邮件合并的结果是生成一个文档还是每条记录单独生成一个文档），在弹出的对话框中单击"确定"，即可生成新的文档，如图1.4.34所示。

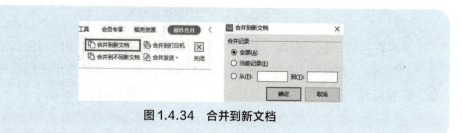

图1.4.34　合并到新文档

邮件合并效果如图 1.4.35 所示。

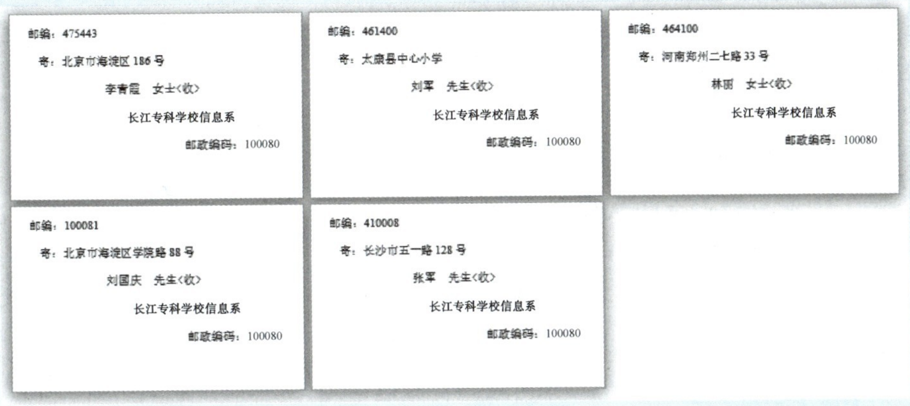

图 1.4.35　邮件合并效果

🔵 任务要求

①创建文档：新建一个空白的 Word 文档。

②表格标题：在第一行输入"求职简历"四个字，设置标题格式为"二号、幼圆、加粗、居中"。

③创建表格：在标题下面新建一个 11 行 5 列的表格。

④设置表格格式：

▸ 将表格设置为居中对齐。

▸ 将表格中各单元格的对齐方式设置为"中部居中"。

▸ 设置行高。第 1 ～ 8 行为 1.1 厘米，第 9 ～ 11 行为 2.2 厘米。

▸ 设置列宽。每一列的列宽均为 3 厘米。

⑤合并单元格：按照图 1.4.1 所示效果，合并相应单元格。

⑥设置表格底纹：按照图 1.4.1 所示效果，设置表格中相应的单元格底纹填充为"白色，背景 1，深色 15%"。

⑦设置表格边框：设置表格的外边框线为深蓝色 1.5 磅双实线，内框线为深蓝色 1.5 磅单实线，如图 1.4.1 所示。

⑧输入单元格内容：

▸ 按照图 1.4.1 所示效果，输入相应文本，带有底纹颜色单元格的文本字体设为黑体、11 磅，其他单元格的文本字体设置为宋体、五号。

▸ 在对应单元格中插入"照片.jpg"，设置照片大小为高度 4 厘米、宽度 2.7 厘米。

⑨设置项目符号：如图 1.4.1 所示，给表格倒数三行中的第二个单元格，

添加相应的项目符号，并将这几个单元格的对齐方式设置为"中部两端对齐"。

⑩保存文档：操作完成后，以"求职简历 .docx"为文件名，保存在"我的电脑"D 盘的根目录下。

○ 任务实施

①创建文档：启动 WPS 2019 文字，单击"文件"选项卡→"新建"命令→"新建空白文字"按钮，新建一个空白文档。

②表格标题：在文档的第一行输入"求职简历"四个字，然后将标题内容选定，单击"开始"选项卡，设置标题格式的字体为幼圆、字号二号、字形加粗。再单击"开始"选项卡，设置标题居中对齐。

③创建表格：先把光标定位到文档的第二行，然后单击"插入"选项卡→"表格"按钮，在下拉菜单中选择"插入表格"选项；在弹出的"插入表格"对话框中的"行数"框中输入 11，"列数"框中输入 5，则在标题下面新建好了一个 11 行 5 列的表格。

④设置表格格式：把光标定位在表格中的任意单元格内，单击"表格工具"功能区→"表格属性"按钮，将弹出"表格属性"对话框，在"表格"标签中设置表格的对齐方式为居中对齐。再选定表格的所有单元格，单击"表格工具"功能区→"对齐方式"→"水平居中"按钮，将表格中每个单元格的对齐方式都设置为"水平居中"。然后选定表格的第 1 ～ 8 行，在"表格工具"功能区，输入高度值为 1.1 厘米，如图 1.4.36 所示，同样的方法设置第9 ～ 11 行的行高为 2.2 厘米。设置所有列的宽度值为 3 厘米。

图 1.4.36　表格单元格的行高、列宽

⑤合并单元格：首先选定需要进行合并的单元格，再单击"表格工具"功能区→"合并单元格"按钮，合并相应单元格。

⑥设置表格底纹：按照图 1.4.1 所示效果，首先选定需要进行底纹设置的单元格，然后单击"表格工具"功能区→"底纹"按钮，将所选单元格的底纹填充为"白色，背景 1，深色 15%"。

⑦设置表格边框：首先选定整个表格，然后单击"表格工具"功能区→"边框"按钮，打开"边框和底纹"对话框，选择"边框"选项卡，将表格的外

边框线设置为深蓝色 1.5 磅双实线，内框线为深蓝色 1.5 磅单实线，如图 1.4.37 所示。

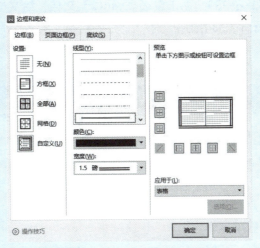

图 1.4.37 "边框和底纹"对话框

⑧输入单元格内容：按照图 1.4.1 所示效果，在对应单元格中输入文本，然后选定带有底纹颜色的单元格，再单击"开始"选项卡，设置所选单元格的文本字体为黑体、大小为 11 磅。同样的方法设置其他单元格的文本字体为宋体、大小为五号字。接着将光标定位到要插入照片的单元格，单击"插入"选项卡→"图片"按钮，将素材文件夹中的"照片.jpg"插入到对应的单元格中；然后选定照片，再在"图片工具"功能区输入图片高度 4 厘米、宽度 2.7 厘米。

⑨设置项目符号：首先选定表格最后一行第二个单元格中的所有文字，接着单击"开始"选项卡→"项目符号"按钮，按照效果图设置好项目符号。然后单击"表格工具"功能区→"对齐方式"→"中部两端对齐"按钮，将这个单元格中的文本对齐方式设置为"中部两端对齐"。倒数第二行和倒数第三行的单元格按照同样的操作进行设置。

⑩保存文档：操作完成后，单击"文件"选项卡→"保存"命令，以"求职简历.docx"为文件名，保存在"我的电脑"D 盘的根目录下。

任务拓展　制作期末成绩表

利用 WPS 2019 文字的表格排版功能，设计一个期末成绩表，计算出每个学生的总成绩，并且按总成绩进行排序。然后再利用邮件合并功能，制作出寄送给学生家长的信封。

拓展任务 1：设计期末成绩表

打开素材文件夹中的"期末成绩表.docx"文档，给文档中的表格进行排版，排版效果如图 1.4.38 所示。

期末成绩表

学号	姓名	语文	数学	外语	总成绩
4	许新新	25	48	70	143
5	陈小平	59	60	60	179
1	李艳	65	60	62	187
2	张萌	68	65	60	193
3	宋远宏	80	60	63	203

图 1.4.38　期末成绩表效果图

（1）表格的基本操作

将表格中的第 1 行（空行）拆分为 1 行 5 列，并依次输入相应的内容；使用"自动调整"功能使表格各列平均分布，将第 1 行的行高设置为 1.5 厘米。

（2）表格的格式设置

将表格自动套用"中等深浅底纹 1—强调文字颜色 1"的表格格式。第 1 行的文字设置为华文新魏，字号为三号，文字对齐方式为"水平居中"；其他各行单元格对齐方式为"靠下居中对齐"。

（3）计算总成绩

在"外语"的右侧插入新的一列，输入"总成绩"三个字，并利用函数或公式计算出每个人的总成绩。

（4）表格排序

设置"总成绩"为主要关键字，对表格中的数据进行升序排列。

（5）保存文档

操作完成后，将文档以"期末成绩表.docx"为文件名，保存在"我的电脑"D 盘的根目录下。

拓展任务 2：制作信封

利用邮件合并功能，制作信封，效果如图 1.4.39 所示。
①主文档：素材文件夹中的"信封模板.docx"文档。
②数据源：素材文件夹中的"联系方式.xlsx"文档。

图 1.4.39　邮件合并效果图

③邮件合并时选择"信函"文件类型。

④邮件合并的结果以"所有信封.docx"为文件名，保存在"我的电脑"D 盘的根目录下。

项目考核

打开文档 WPS1.docx，按照要求完成下列操作并进行保存。

①将标题段文字（"多媒体系统的特征"）设置为艺术字，居中显示。艺术字式样为第 2 行第 2 列，字体为宋体，字号为 40 号字，形状为右牛角形，文字环绕方式为上下型环绕；文本填充效果为渐变，预设红日西斜；阴影为外部类里面的右下斜偏移。

②将文中所有"电脑"替换为"计算机"，并将正文第 2 段文字（"交互性是……进行控制。"）移至第 3 段文字（"集成性是……协调一致。"）之后，但不与第 3 段合并。

③将正文各段文字（"多媒体计算机……模拟信号方式。"）设置为小四号宋体，1.5 倍行距；各段落左右各缩进 1 字符，段前间距 0.5 行。

④正文第一段（"多媒体计算机……和数字化特征。"）首字下沉 2 行，距正文 0.2 厘米；分 2 栏，宽度均为 21 字符，添加分隔线。

⑤正文后 3 段添加项目符号"●"。

⑥在文本末插入一个 3 行 4 列的表格，表格居中显示，表格列宽 3 厘米、行高 0.8 厘米；在第 1 行第 1 列单元格中添加 1 条左上右下的对角线，将第 2、第 3 行的第 4 列单元格均匀拆分为两列，将第 3 行的第 2、第 3 列单元格合并。

⑦设置表格外框线为 1.5 磅红色双实线，内框线（包括绘制的对角线）为 0.5 磅红色单实线；表格第 1 行添加黄色底纹。

项目 2　电子表格处理

项目概要

　　WPS 2019 表格是金山办公软件 WPS Office 2019 的三大组件之一，具有较强的数据处理与分析能力。利用 WPS 2019 表格可以完成日常生活及工作中的表格制作、数据计算、统计分析和汇总，还能制作各种形式的统计图表，被广泛应用于财务、统计、管理等领域。其不仅是一款优秀的办公工具软件，更是一个开放的在线办公服务平台。通过 WPS 云办公服务可以实现办公文件在全平台任何设备的操作同步，通过金山文档（WPS Web Office）实现跨终端多人实时在线协作填表，让用户随时随地自由创作。

项目任务

- 任务 2.1　电子表格制作
- 任务 2.2　电子表格数据计算
- 任务 2.3　电子表格数据管理
- 任务 2.4　电子表格数据分析

学习目标

- 学会表格设置的基本操作
- 学会设置数据格式
- 学会设置单元格格式，打印输出表格
- 学会使用公式和常用函数
- 学会对表格中的数据进行排序、筛选以及分类汇总
- 学会创建图表、编辑图表与修饰图表
- 学会利用数据透视表和数据透视图对数据进行汇总、分析

《习近平谈治国理政》：努力把我国建设成为网络强国

任务 2.1　电子表格制作

💬 任务描述

小王是某公司财务部的财务专员，现需要对公司员工信息进行录入。并且对表格进行格式化处理。因文档涉及个人信息，需要对文档进行访问和编辑保护。本任务的最终效果图如图 2.1.1 所示。

员工信息表

职工号	姓名	部门	性别	身份证号	职务	职称	学历	入职时间	工龄
001	陈关敏	人事部	女	42030119800512□□□	经理	工程师	硕士研究生	2008年3月9日	14
002	陈德生	技术部	男	42030119791108□□□	副经理	高工	硕士研究生	2000年9月21日	22
003	彭庆华	技术部	男	42030119980512□□□	职员	工程师	本科	2021年7月10日	1
004	陈桂兰	营销部	女	42030119940808□□□	职员	技术员	大专	2019年9月10日	3
005	王成祥	技术部	男	42030119980512□□□	职员	技术员	大专	2021年7月12日	1
006	何家强	技术部	男	42030119811208□□□	职员	工程师	本科	2009年3月18日	13
007	曾伦青	财务部	男	11010319790808□□□	经理	高工	硕士研究生	2002年1月20日	20
008	张新民	财务部	男	42030119920512□□□	职员	技术员	大专	2018年4月12日	4
009	张跃华	技术部	男	42030119711212□□□	职员	高工	大专	2002年7月10日	20
010	邓郁平	技术部	男	42030119880305□□□	职员	工程师	大专	2017年5月10日	5
011	朱京丽	技术部	女	11010419740808□□□	职员	高工	本科	2001年6月28日	21
012	蒙继炎	技术部	男	11010419940305□□□	职员	工程师	硕士研究生	2018年7月12日	4
013	王丽	行政部	女	42030119700808□□□	经理	工程师	硕士研究生	1999年3月20日	23
014	梁鸿	行政部	男	42030119940206□□□	职员	技术员	本科	2016年3月9日	6
015	刘尚武	行政部	男	42030119940206□□□	职员	工程师	硕士研究生	2020年9月10日	2
016	朱强	技术部	男	42030119840808□□□	职员	工程师	本科	2013年8月20日	9
017	丁小飞	技术部	女	42030119851118□□□	职员	工程师	本科	2012年3月15日	10
018	孙宝彦	技术部	男	42030119800308□□□	职员	工程师	大专	2009年7月19日	13
019	张港	技术部	男	42030119700308□□□	职员	高工	硕士研究生	2022年3月17日	0
020	郑柏青	财务部	女	42030119980512□□□	职员	工程师	本科	2016年7月10日	6
021	王秀明	人事部	男	42030119800308□□□	职员	工程师	大专	2016年8月18日	6
022	贺东	技术部	男	42030119930512□□□	职员	工程师	本科	2017年8月15日	5
023	裴少华	营销部	男	42030119780512□□□	经理	高工	硕士研究生	2006年8月10日	16
024	张群义	营销部	男	42030119950312□□□	职员	技术员	本科	2021年7月9日	1
025	张亚英	营销部	男	42030119950312□□□	职员	工程师	硕士研究生	2020年9月20日	2
026	张武	营销部	男	42030119940808□□□	职员	技术员	本科	2018年9月12日	4

图 2.1.1　员工信息表

💬 任务分析

要制作一个电子表格，首先应该创建好一个工作簿，然后新建工作表，进行数据输入，并对数据进行编辑，包括工作表的重命名、工作表的复制、文本型数据的输入、日期型数据的输入、数值型数据的输入、单元格的设置、数据的有效性检查等基本操作；接下来为了表格的显示效果，可以对表格进行格式处理，包括行高、单元格填充颜色、表格样式的套用等；为了打印美观，可进行缩放处理；最后为了保护工作簿，应对工作簿进行密码保护。

知识准备

2.1.1 WPS 2019 表格简介

（1）WPS 2019 表格的启动

在 Windows 环境下启动 WPS 2019 表格的方法有很多，常用的方法有如下几种：

▶单击"开始"→"所有程序"→"WPS Office"→"WPS Office"选项，来启动 WPS 程序。在 WPS 软件中，选择"首页"→"新建"菜单项，选择"新建表格"。

▶双击桌面上 WPS 的快捷方式图标启动 WPS 程序，选择"首页"→"新建"菜单项，选择"新建表格"。

▶双击任意一个 WPS 表格文件，启动 WPS 表格。

（2）WPS 2019 表格窗口简介

WPS 2019 表格工作窗口主要包括标题栏、"文件"选项卡、快速访问工具栏、功能区、编辑栏等，如图 2.1.2 所示。

图 2.1.2　WPS 2019 表格工作界面

①标题栏：位于窗口顶部，用来显示"WPS 表格"菜单及当前工作簿文档的名字。

②"文件"选项卡：包含新建、打开、关闭、另存为和打印等基本命令。

③快速访问工具栏：包含一些常用命令，如保存和撤销。用户也可以添加个人常用命令。

④功能区：包含编辑时需要用到的一些命令。

⑤名称框：位于工作表左上方，用以显示活动单元格的地址、活动单元格或当前选定区域已定义的名称。

⑥浏览公式结果：单击该按钮将自动显示当前包含公式或函数的单元格的计算结果。

⑦插入函数：单击该按钮，将快速打开"插入函数"对话框，可选择相应的函数插入表格。

⑧编辑栏：位于地址栏右侧，用于显示、输入、编辑、修改当前活动单元格中的内容。

⑨行号：用"1,2,3,…"等阿拉伯数字标识。

⑩列标：用"A,B,C,…"等大写英文字母标识。

⑪单元格：由行列交叉形成的最小操作单元。单元格所在行列的行号和列标形成单元格地址。如位于 A 列 1 行的单元格可表示为 A1 单元格。

⑫工作表标签：用来显示工作表的名称，WPS 表格新建工作簿默认只包含一张工作表，单击标签旁的按钮" + "，将新建一张工作表。当工作簿中包含多张工作表时，可单击任意一个工作表标签进行工作表之间的切换。

（3）WPS 2019 表格的关闭

完成表格的编辑后要退出 WPS 表格的工作环境，常用的方法有以下几种：

▶单击 WPS 表格窗口右上角的"关闭"按钮。

▶单击"文件"选项卡下的"退出"选项。

▶在标题栏上单击鼠标右键，在弹出的快捷菜单中选择"关闭"命令。

2.1.2　表格的基本操作

（1）工作簿和工作表

工作簿就是 WPS 表格文件，是电子表格软件中的特有名词。一个工作簿就是一个 WPS 表格，文件的扩展名是 .xlsx。工作簿由一个或多个工作表组成，工作表由单元格组成，单元格是组成工作表的最小单位。

工作表是存储数据和分析、处理数据的表格，由行和列组成。在 WPS 表格中单击某个工作表标签，则该工作表就会成为活动工作表。活动工作表是指工作簿中正在操作的工作表，即当前工作表。工作表从属于工作簿，不能独立于工作簿而独立存在。

如果把工作簿比作书本，那么工作表就是其中的书页。一个工作簿默认有 1 ~ 255 个工作表，可以将同类事务的不同工作表集中保存在一个工作簿中，以便于管理和分析数据。

（2）工作簿的基本操作

1）创建工作簿

新建工作簿主要有以下 3 种常用的方法：

▶选择"开始"/"WPS Office"命令，启动 WPS Office，单击标签上的
"+"按钮，进入"新建"页面，在打开的界面中，单击"新建表格"选项
卡→"新建空白表格"按钮即可。

▶如果当前活动窗口中已经打开了某个工作簿，直接按下"Ctrl+N"组
合键可快速创建一个同类型的空白工作簿。

▶在桌面或文件夹的空白位置处单击鼠标右键，在弹出的快捷菜单中选择
"新建"/"XLSX 工作表"命令，也可以新建工作簿。

2）打开工作簿

▶如果打开已有的工作簿文件，可以直接在资源管理器文件夹下找到相应
的文件，用鼠标双击即可打开。

▶在"文件"菜单下选择"打开"命令，或按下"Ctrl+O"组合键。在
弹出的"打开文件"对话框中，选择所要打开的工作簿，单击"打开"按钮。

▶启动 WPS 表格，在"文件"菜单下选择"打开"命令，在其右侧展开
的"最近使用"文件列表中选择相应的文件即可。

3）保存工作簿

▶新建工作簿保存：单击 WPS 表格左上角"文件"按钮，在弹出的列
表中选择"保存"命令，或在快速访问工具栏中单击"保存"按钮，或按
"Ctrl+S"组合键。如果是第一次保存工作簿，单击"保存"按钮，也会弹出
"另存文件"对话框，如图 2.1.3 所示。

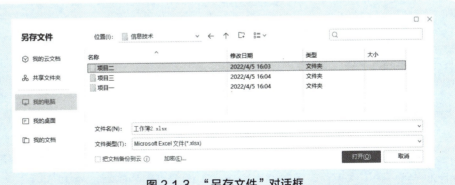

图 2.1.3 "另存文件"对话框

▶工作簿另存为：单击 WPS 表格左上角"文件"按钮，在弹出的列表中
选择"另存为"命令，打开"另存为"对话框，依次选择保存位置和文件类
型并输入文件名称，最后单击"确定"按钮即可保存当前工作簿。

4）关闭工作簿

▶如果要关闭当前打开的工作簿，可以按下"Ctrl＋W"组合键或者单击文档标签上的"X"按钮。如果工作簿文件中更新的内容尚未保存，将弹出提示保存的对话框。这种方式仅关闭工作簿但是不退出 WPS。

▶单击 WPS 表格右上角"关闭"按钮，或按下"Alt＋F4"组合键，可关闭工作簿并退出 WPS。

工作表的基本操作

（3）工作表的基本操作

1）插入工作表

工作表是 WPS 表格中的基本操作对象，任何数据的处理均需要在工作表中完成。默认情况下，工作簿中只提供一张工作表，在实际应用中可能满足不了用户的需求，所以用户可根据情况插入新的工作表。插入工作表的方法：

▶单击工作表标签右侧的"新建工作表"按钮，将在工作表的末尾新建一个工作表。

▶按下"Shift＋F11"组合键，可在当前编辑工作表的左侧新建一个工作表。新建的工作表按照现有工作表的数目自动编号命名，如"Sheet2"等。

▶在工作表标签上单击鼠标右键，在弹出的快捷菜单中选择"插入工作表"命令，打开"插入工作表"，打开"插入工作表"对话框，如图 2.1.4 所示，在"插入数目"中输入数字并选中位置，单击"确定"即可。

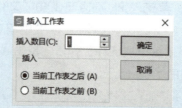

图 2.1.4 "插入工作表"对话框

2）选择工作表

在 WPS 表格中操作，一般遵循"先选择，后操作"的原则。选择工作表包括选择一张工作表、选择连续的多张工作表、选择不连续的多张工作表等。

▶选择一张工作表：单击要选择的工作表。

▶选择连续的多张工作表：选择一张工作表后按住"Shift"键，再选择不相邻的另一张工作表，可同时选中这两张工作表之间的所有工作表。

▶选择不连续的多张工作表：选择一张工作表后按住"Ctrl"键，再依次单击其他须选定的工作表即可。

3）删除工作表

▶在需要删除的工作表上单击右键，在弹出的快捷菜单中选择"删除工作表"命令，即可删除该工作表。

▶ 在"开始"选项下，单击"工作表"命令旁的下拉按钮，在下拉列表中选择"删除工作表"命令。

4）重命名工作表

▶ 在工作表标签栏双击需要重命名的工作表，当工作表名处于选中状态，输入新的工作表名即可。

▶ 选中要重命名的工作表，选择"开始"选项，单击"工作表"命令旁的下拉按钮，在下拉列表中选择"重命名"命令。

▶ 在工作表标签栏右键单击要重命名的工作表，在弹出的快捷菜单中选择"重命名"命令。

5）移动工作表

在日常工作中，通常需要移动工作表，用户可以在同一工作簿中移动工作表，也可以将工作表移动到新工作簿中。

▶ 在同一工作簿内移动工作表：用鼠标将被选中的工作表拖动到将要插入的位置，释放鼠标即可。

▶ 跨工作簿移动工作表：选中原工作簿中的工作表，单击鼠标右键，在弹出的快捷菜单中选择"移动或复制工作表"命令，打开"移动或复制工作表"对话框，在对话框中单击"工作簿"下拉按钮，在弹出的列表中选择目标工作簿名，再选择移动到的位置，如图 2.1.5 所示。

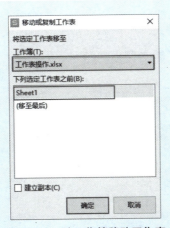

图 2.1.5　跨工作簿移动工作表

6）复制工作表

▶ 在同一工作簿内复制工作表：按下 Ctrl 键，同时用鼠标将被选中的工作表拖动到将要粘贴的目标位置，释放鼠标即可。

▶ 跨工作簿复制工作表：选择原工作簿中的工作表，单击鼠标右键，在弹出的快捷菜单中选择"移动或复制工作表"命令，打开"移动或复制工作表"对话框，在对话框中单击"工作簿"下拉按钮，在弹出的列表中选择目标工作簿名，勾选"建立副本"选择框，如图 2.1.6 所示。

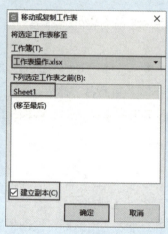

图 2.1.6　跨工作簿复制工作表

7）切换活动工作表

当前工作簿中始终有一个工作表作为用户当前输入和编辑的对象和目标，这个工作表被称为"活动工作表"。在工作表标签栏中，活动工作表的标签背景会以反白显示，要切换其他工作表为活动工作表，可以直接单击目标工作表标签。

如果工作簿内包含了多个工作表，可以通过以下方法切换工作表：

▶单击工作表标签栏最右侧省略符号，如图 2.1.7 所示，在工作表名称列表中选中目标工作表即可。

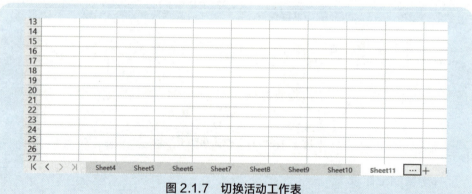

图 2.1.7　切换活动工作表

▶还可以使用快捷键切换工作表，按下"Ctrl＋PgUp"组合键可以切换到上一张工作表，按下"Ctrl＋PgDn"组合键可以切换到下一张工作表。

8）显示或隐藏工作表

在编辑工作表的过程中，如果工作表太多可能会影响操作。因此对于暂时不用的工作表可以将其隐藏，需要时再显示出来。

▶隐藏工作表：选择需要隐藏的工作表，单击鼠标右键，在弹出的快捷菜单中选择"隐藏工作表"命令，或者在"开始"选项卡中单击"工作表"下拉按钮，在下拉列表中选择"隐藏工作表"命令，即可隐藏工作表。

▶显示工作表：在工作簿中的任意一个工作表标签上单击右键，在弹出的快捷菜单中选择"取消隐藏工作表"命令，弹出"取消隐藏"对话框，在"取消隐藏工作表"列表框中选择需要显示的工作表，然后单击"确定"按钮，如图 2.1.8 所示，即可将隐藏的工作表显示出来。

图 2.1.8　"取消隐藏"对话框

9）冻结窗口

当工作表的数据无法在屏幕中完全显示时，为了方便查看数据，可以将工作表的窗格冻结。选择工作表中的任意单元格，打开"视图"选项卡，单击"冻结窗格"下拉按钮，在弹出的列表中根据需要进行选择，如图 2.1.9 所示。

图 2.1.9　冻结窗格

▶选择"冻结首行"选项：向下查看数据时，第一行固定不变，一直显示。

▶选择"冻结首列"选项：向右查看数据时，A 列固定不变，一直显示。

（4）单元格的操作

1）选中单元格

要在单元格中输入数据，首先应选中该单元格，在工作表中选中单元格的方法有以下几种：

▶选中一个单元格：单击要选择的单元格即可，或者在名称框中输入单元格地址，按"Enter"键确认。

▶选中连续区域的单元格：选中要选定的区域的第一个单元格后，按住鼠标左键不放拖拽鼠标到最后一个单元格，或在按住"Shift"键的同时选中最后一个单元格。

▶选中不连续区域的单元格：在按住"Ctrl"键的同时，用鼠标逐个单击需要选中的单元格。

▶选中整行：用鼠标单击该行的行号。如果要选择不连续的多行，可以先选定一行，再按住"Ctrl"键逐个单击需要选择的行号；选择连续的多行，可以单击第一个行号，再按住"Shift"键单击最后一个行号。

▶选中整列：用鼠标单击该列的列号。如果要选择不连续的多列，可以先选定一列，再按住"Ctrl"键逐个单击需要选择的列号；选择连续的多列，可以单击第一个列号，再按住"Shift"键单击最后一个列号。

▶选中所有单元格：单击行号和列标左上角交叉处的空白部分，或按住"Ctrl + A"组合键。

若要取消选中的多个单元格，可用鼠标单击任意一个单元格。

2）合并单元格

合并单元格是指将多个单元格合并成一个单元格，选中需合并的单元格区域，在"开始"选项卡中单击"合并居中"下拉按钮，在弹出的列表中选择相应的选项，如图 2.1.10 所示，即可合并单元格。

图 2.1.10　合并单元格

▶选择"合并居中"：选择的单元格合并成一个单元格，并且单元格中只居中显示首个单元格中的内容。

▶选择"合并单元格"：合并后的单元格中的内容不会居中显示。

▶选择"合并内容"：所选单元格中的内容都合并到一个单元格中。

▶选择"合并相同单元格"：将所选单元格中内容相同且相邻的合并到一个单元格中。

3）拆分单元格

若要取消对单元格的合并，则需要选中合并后的单元格，单击"合并居中"下拉按钮，在弹出的列表中选择"取消合并单元格"选项。需要注意，只有已合并的单元格才可以被拆分。

4）单元格格式的设置

单元格格式的设置决定了工作表中数据的显示方式及输出方式。单元格的格式包括数字格式、对齐方式、字体格式、边框、图案、保护。选中需要设置的单元格，单击鼠标右键，会弹出快捷菜单，选择快捷菜单中的"设置单元格格式"菜单项，在"单元格格式"对话框中根据需要进行设置，如图2.1.11 所示。

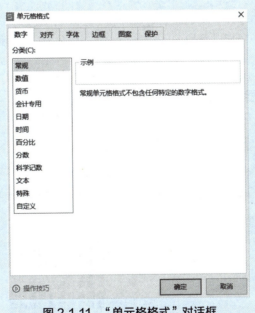

图 2.1.11　"单元格格式"对话框

▶设置数字格式：利用"单元格格式"对话框的"数字"选项卡，可以对数字进行格式设置。数字格式的分类有常规、数值、货币、会计专用、日期、时间、百分比、分数、科学记数、文本、特殊和自定义。默认情况下，数字格式是"常规"格式。

▶ 设置对齐方式：在"单元格格式"对话框中，切换到"对齐"选项卡，可以设置单元格内容的对齐方式，如图 2.1.12 所示。

▶ 设置字体格式：在"单元格格式"对话框中，切换到"字体"选项卡，可以设置单元格中文字的字体、字形、字号和颜色等，如图 2.1.13 所示。

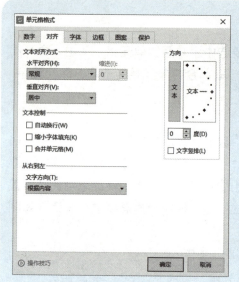

图 2.1.12 "对齐"选项卡　　　　图 2.1.13 "字体"选项卡

▶ 设置边框：在"单元格格式"对话框中，切换到"边框"选项卡，可以设置单元格的外框线和内框线，如图 2.1.14 所示。

▶ 设置底纹：在"单元格格式"对话框中，切换到"图案"选项卡，可以设置单元格底纹，如图 2.1.15 所示。

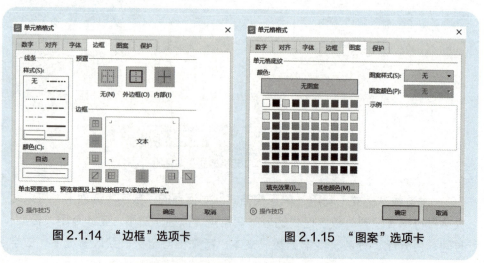

图 2.1.14 "边框"选项卡　　　　图 2.1.15 "图案"选项卡

（5）行 / 列的操作

1）插入行 / 列

▶插入行：选中行，单击鼠标右键，在弹出的快捷菜单中选择"插入"选项，在右侧的"行数"数值框中可以设置插入的行数，按"Enter"键确认，即可在所选行的上方插入新行。

▶插入列：选中列，单击鼠标右键，在弹出的快捷菜单中选择"插入"选项，在右侧的"列数"数值框中可以设置插入的列数，按"Enter"键确认，即可在所选列的上方插入新列。

2）删除行 / 列

▶选择要删除的行 / 列，单击鼠标右键，在弹出的快捷菜单中选择"删除"选项，即可将行 / 列删除。

▶选择需要删除的行 / 列，在"开始"选项卡中单击"行和列"下拉按钮，在弹出的列表中选择"删除单元格"选项，在其级联菜单中选择"删除行"或"删除列"选项即可。

3）设置行高

▶直接设置：将鼠标移至行号下方的边界线上，按住鼠标左键不放并拖动光标，即可调整行高。

▶定量设置：选择需要调整行高的行，单击鼠标右键，在弹出的快捷菜单中选择"行高"选项，打开"行高"对话框，在"行高"数值框中输入行高，单击"确定"按钮即可，如图 2.1.16 所示。

图 2.1.16　"行高"对话框

4）设置列宽

▶直接设置：将鼠标移至列表右侧的边界线上，按住鼠标左键不放并拖动光标，即可调整列宽。

▶定量设置：选择需要调整列宽的列，单击鼠标右键，在弹出的快捷菜单中选择"列宽"选项，打开"列宽"对话框，在"列宽"数值框中输入列宽，单击"确定"按钮即可。

2.1.3　输入和编辑数据

在使用工作表处理数据之前，需要先将待编辑处理的数据录入到工作表，然后根据要求完成数据的计算和分析工作。用户可以在单元格中输入各种类型的数据，如文本型数据、数值型数据、日期和时间型数据、有序数据等。

（1）文本型数据输入

文本型数据包括中英文字符、空格、标点符号、特殊符号等。默认情况下，在 WPS 表格中输入文本型数据将沿单元格左对齐。文本型数据的输入可直接在相应的单元格输入文本内容。如果数据全部由数字组成，但想以文本型数据保存在单元格中，可以通过以下 3 种方法输入。

▶在数字前输入一个英文状态的单引号，如想输入"06"，输入时应输入"'06"。

▶选中单元格，单击鼠标右键，在弹出快捷菜单中选择"设置单元格格式"菜单项，打开"单元格格式"对话框，在"数字"选项中选择"文本"选项。将单元格设置为"文本"格式，再输入数字。

▶选中单元格，选择"开始"选项卡中的"数字"组，在"数字格式"菜单命令中，单击右侧的下三角按钮，在下拉列表中选择"文本"选项。将单元格设置为"文本"格式，再输入数字。

（2）数值型数据输入

数值型数据在 WPS 表格中使用频率最高，默认情况下，单元格中数值型数据采用右对齐。数值型数据最常见的格式是数字，除此之外还有百分数、分数、会计专用等。

1）输入负数

如果要输入负数，须在数字前面添加符号"–"，或者给数字加上圆括号。例如，输入"–23"和"（23）"都可以在单元格中得到数字"–23"。

2）输入分数

如果要输入分数，须先输入一个"0"和一个空格，再输入分数，或者将"数字格式"设置为"分数"。

3）输入百分数

如果要输入百分数，可直接输入一个数字，然后在数字后加上"%"，或者将"数字格式"设置为"百分比"。

4）输入小数

小数直接输入即可，如果对数据的小数点位数有要求，可以按以下 2 种方法设置。

▶单击"开始"选项卡中"数字"组右下角的对话框启动器按钮，打开"单元格格式"对话框，在"分类"栏中，选择"数值"选项，在数值框中输入数值确定"小数位数"，如图 2.1.17 所示。

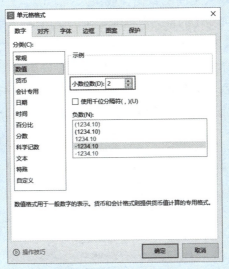

图 2.1.17　设置小数位数

▶选择"开始"选项卡中"数字"中的"增加小数位数"或"减少小数位数"菜单命令，即可设置小数位数。

（3）日期和时间型数据输入

在 WPS 表格中内置了一些日期和时间的格式，当输入的数据与这些格式相匹配时，WPS 表格将会识别它们，使单元格的格式由"常规"数字格式变为日期或时间格式。如果输入格式不匹配，则该数据被作为文本处理。

1）日期型数据

标准日期格式分为长日期和短日期两种类型。长日期以"2022 年 3 月 16 日"的形式显示，短日期以"2022/3/16"的形式显示。当在单元格中输入"2022-3-16"这种日期形式时，按下"Enter"键后会自动以"2022/3/16"的形式显示。如果输入时省略了年份，则将当前年份作为默认年份。

在单元格中输入日期后，可以选择日期所在单元格，单击"开始"选项卡中"数字"组右下角的对话框启动器按钮，打开"单元格格式"对话框，在"数字"选项卡中选择"日期"选项，在"类型"列表框可以选择设置日期的显示类型。

2）时间型数据

时间型数据以"："作为时、分、秒的分隔符。默认以 24 小时制显示时间。

（4）自动填充

在向工作表中录入数据时，如果录入的数据具有一定的规律性，如在一行或一列单元格中录入相同的数据，或录入如1、2、3……或星期一、星期二……星期日等连续变化的系列数据时，可以使用WPS表格提供的自动填充功能，其方法为：先在第一个单元格输入第一个数据，然后将光标移动到单元格的右下角，当光标变成"+"时，按住鼠标左键，沿行或列的方向拖动至要填充数据的最后一个单元格区域，松开鼠标即可，并且在右下角会出现"自动填充选项"按钮，选择"复制单元格"选项即可实现复制，如图2.1.18所示。

图2.1.18 自动填充

需要注意的是，在使用自动填充功能时，不同类型数据的填充效果不同，如果是文字、符号类型的数据，直接拖动"+"会原样复制。如果是数字，则向上或向左拖动是减量填充，向下或向右是增量填充。

（5）序列填充

如果输入的是很有规律的数据，如等差序列、等比序列，可以使用WPS表格中提供的序列填充功能。

1）等差序列的填充

例如，输入一个步长为2的等差序列1，3，5，7，9，11……，先在第一个单元格输入1，在相邻的下一个单元格输入3，这样相当于定好了序列的初始项和步长值，选中这两个单元格，当鼠标移至右下角变成"+"时，拖拽鼠标即可完成序列填充。需注意，此方法仅可用于等差序列填充。

2）等比序列的填充

例如，输入的是等比序列1，2，4，8，16，32……，先在第一个单元格输入1，然后拖动鼠标选取该单元格及要填充的区域，在"开始"选项卡的"编辑"分组中，单击"填充"下拉按钮，在下拉列表中选择"序列"选项，在打开的"序列"对话框里选择类型为"等比序列"，在"步长"文本框中输入步长值2，单击"确定"按钮即可，如图2.1.19所示。

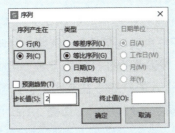

图 2.1.19　"序列"对话框

（6）快速填充

快速填充也叫智能填充，可以根据给定示例输出填充结果。例如，身份证号第 7 位至第 14 位表示出生日期，如需快速提取出生日期，可以给定一个示例，如 19640808，将光标置于下一个单元格，在"开始"选项卡的"编辑"分组中，单击"填充"下拉按钮，在下拉列表中选择"智能填充"选项，即可完成所有出生日期的提取工作，如图 2.1.20 所示。

身份证号	出生日期
11010219640808	19640808
11010219720107	
11010119740808	
11010119680808	
11010219500708	
11010119800512	
11010119791108	
11010119680512	
11010119640808	
11010119680512	
11010119511208	

身份证号	出生日期
11010219640808	19640808
11010219720107	19720107
11010119740808	19740808
11010119680808	19680808
11010219500708	19500708
11010119800512	19800512
11010119791108	19791108
11010119680512	19680512
11010119640808	19640808
11010119680512	19680512
11010119511208	19511208

图 2.1.20　快速填充

（7）数据有效性

在 WPS 表格中，单元格默认有效数据为任何数据。但在实际工作中，为了保证数据的正确性，有时需设置数据验证以约束输入。可以设置的验证条件包括整数、小数、序列、日期、时间、文本长度和自定义。具体操作步骤如下：

①选中需要定义有效数据的单元格区域，在"数据"选项卡下，单击"有效性"下拉按钮，选择"有效性"，打开"数据有效性"对话框，如图 2.1.21 所示。

②选择"设置"选项卡，在"允许"下拉列表中选择允许输入的数据类型，如"整数""小数"。

③在"数据"下拉列表中选择所需的操作符，如"介于""不等于"等。在"最小值"和"最大值"文本框中根据要求分别填入上下限。

④单击"确定"按钮。

设置完单元格区域的有效数据后，如果输入数据不在有效范围内，则会提示"您输入的内容，不符合限制条件"。例如，对年龄的限制，要求年龄在 0 ～ 150 之间。单元格区域设置验证条件为整数，数据"介于、最小值 0、最大值 150"。在该单元格输入的数据不在范围内，如输入 –18 时，给出错误提示，"您输入的内容，不符合限制条件"，如图 2.1.22 所示。

图 2.1.21　"数据有效性"对话框　　　　图 2.1.22　错误提示

2.1.4　格式化表格

在表格中的数据输入完成后，对其进行格式化处理，可以使表格更加美观。默认状态下，表格是没有格式的，用户可根据实际需要进行自定义设置，包括设置单元格边框、设置单元格填充颜色和套用表格样式等。

（1）设置单元格边框

WPS 表格中的单元格边框是默认显示的，但是默认状态下的边框不能打印，为了满足打印需要，可为单元格设置边框效果。单元格边框设置主要有以下两种方式：

①通过"所有框线"按钮设置。

选择要设置的单元格，在"开始"选项卡中单击"所有框线"下拉按钮，在打开的下拉列表中可选择所需的边框线样式，而单击"绘图边框"下拉按钮，在打开的下拉列表中选择"线条颜色"和"线条样式"选项可设置边框的线型和颜色。

②通过"单元格格式"对话框设置。

选择需要设置边框的单元格，单击鼠标右键，在弹出的快捷菜单中选择"设置单元格格式"菜单项，打开"单元格格式"对话框，单击"边框"选项卡，在其中可设置边框的粗细、样式或颜色。

（2）设置单元格填充颜色

需要突出显示某个或某部分单元格时，可选择为单元格设置填充颜色。设置填充颜色主要有以下两种方式：

①通过"填充颜色"按钮设置。

选择需要设置的单元格，在"开始"选项卡中单击"填充颜色"下拉按钮，在打开的下拉列表中选择所需的填充颜色。

②通过"单元格格式"对话框设置。

选择需要设置的单元格，单击鼠标右键，在弹出的快捷菜单中选择"设置单元格格式"菜单项，打开"单元格格式"对话框，单击"填充"选项卡，在其中可设置填充的颜色和图案样式。

（3）套用表格样式

WPS 表格的工作表样式可以自行设置，也可以直接使用 WPS 表格提供的表格样式模板，对表格进行美化。

选中需要套用表格样式的单元格区域，单击"开始"选项卡中的"表格样式"按钮，弹出如图 2.1.23 所示的"预设样式"下拉列表框，在下拉列表中选择需要的样式选项，打开"套用表格样式"对话框，在"表数据的来源"文本框中显示了选择的表格区域，确认无误后，单击"确定"按钮即可。

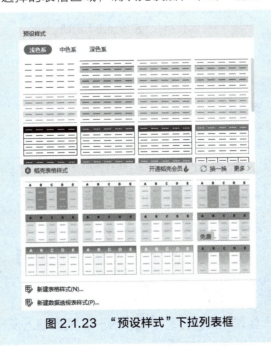

图 2.1.23　"预设样式"下拉列表框

2.1.5 打印输出表格

（1）保护工作簿

为了防止重要表格中的数据泄露，可以为其设置密码保护。为工作簿设置一个打开密码和编辑密码，只有输入密码才能对工作簿进行打开和编辑。单击"文件"按钮，选择"文档加密"选项，并从其级联菜单中选择"密码加密"选项，如图 2.1.24 所示。打开"密码加密"对话框，设置打开文件密码和编辑文件密码，设置好后单击"应用"按钮，如图 2.1.25 所示。

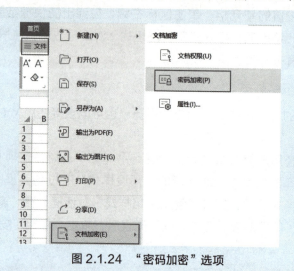

图 2.1.24 "密码加密"选项

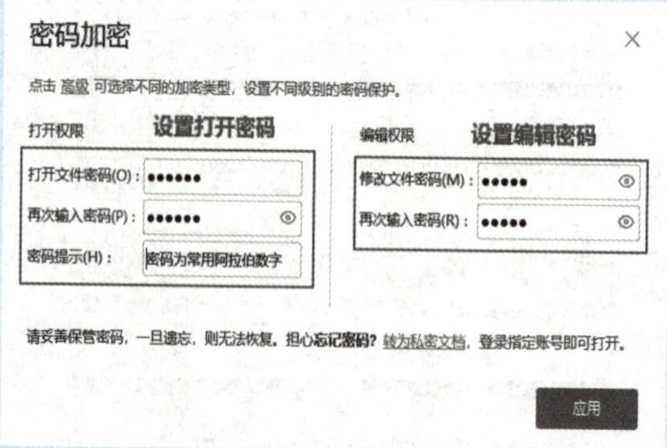

图 2.1.25 "密码加密"对话框

保存并关闭工作簿，再次打开该工作簿时就需要输入设置的打开文件密码和编辑文件密码，如图 2.1.26 所示。

图 2.1.26　输入打开和编辑密码

为了防止用户忘记密码，可以在"密码加密"窗格中设置"密码提示"，当在"文档已加密"对话框中输入两次不正确密码后，会在密码框下方出现密码提示信息，如图 2.1.27 所示。

图 2.1.27　密码提示信息

（2）撤销对工作簿的保护

如果想要撤销对工作簿的密码保护，则需要在"密码加密"窗格中删除设置的打开文件密码和编辑文件密码，单击"应用"按钮，然后保存工作簿即可。

（3）保护工作表

有的报表用户希望他人只能查看，而不能修改报表中的数据，此时就可以对工作表中的数据进行保护。打开"审阅"选项卡，单击"保护工作表"按钮，打开"保护工作表"对话框，在"密码"文本框中输入密码，然后在"允许此工作表的所有用户进行"列表框中取消所有选项的勾选，单击"确定"按钮，弹出"确认密码"对话框，重新输入密码，单击"确定"按钮，如图 2.1.28 所示，即可对工作表中的数据进行保护，用户只能查看数据，不能修改数据。

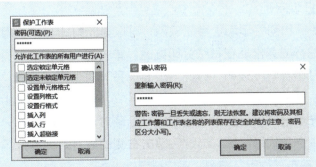

图 2.1.28　保护工作表

（4）撤销对工作表的保护

打开"审阅"选项卡，单击"撤销工作表保护"按钮，在"撤销工作表保护"对话框中输入密码，即可撤销对工作表的保护。

（5）共享工作簿

在利用 Excel 表格进行日常办公时，经常会多人共同编辑表格，那么当团队共同创建、修改表格时，就可以共享工作簿。单击"审阅"选项卡下的"共享工作簿"，在"共享工作簿"对话框中，勾选"允许多用户同时编辑，同时允许工作簿合并"，如图 2.1.29 所示，单击"确定"，即可实现共享工作簿。

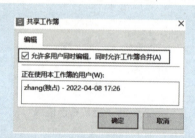

图 2.1.29 "共享工作簿"对话框

（6）页面设置

在 WPS 表格中输入数据并格式化后，通常还需要将表格打印输出。为了输出效果更加美观并且更符合显示要求，一般需要在打印前对页面进行一些设置，可以在功能区中的"页面布局"选项卡中进行，对要打印的工作表进行纸张大小、方向和页边距等相关设置，其方法与 WPS 文字类似。

1）设置打印区域

默认情况下，打印工作表时会将整个工作表全部打印输出。如果要打印部分区域，首先选择要打印的区域，在"页面布局"选项卡中单击"打印区域"下拉按钮，从弹出的列表中选择"设置打印区域"命令。

2）设置打印标题

如果要使行和列打印后更容易识别，可以显示打印标题。用户可以设置顶部或左侧的行或列出现在每张打印纸上。单击功能区中的"页面布局"选项卡中的"打印标题"按钮，打开"页面设置"对话框，选择"工作表"选项卡。在"顶端标题行"或"左侧标题列"文本框中输入标题所在的区域，也可以单击文本框右侧折叠对话框按钮，隐藏对话框的其他部分，然后用鼠标在工作表中选定标题区域，选定后单击右侧的展开对话框按钮即可，如图 2.1.30 所示。单击"确定"按钮，完成设置。

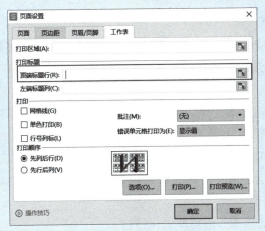

图 2.1.30　设置 "打印标题"

3）打印缩放

通过 "页面缩放" 功能，可以根据纸张大小自动调整缩放比例，或者按指定的缩放比例打印内容，以便把相关内容打印在同一张纸上。在 "页面布局" 选项卡中单击 "打印缩放" 下拉按钮，在下拉列表中可以选择 "将整个工作表打印在一页" "将所有列打印在一页" 或 "将所有行打印在一页" 等命令，或者在 "缩放比例" 微调框中输入数字（数字范围为 10～400）以指定缩放比例。

（7）打印工作表

在进行打印之前，用户通过打印预览命令在屏幕上观察效果，并进行相应的设置。

1）打印预览

单击 "文件" 按钮，在下拉菜单中选择 "打印" 中的 "打印预览" 命令，预览打印效果。如果看不清楚预览效果，可以在预览区域中单击鼠标，此时，预览效果按比例放大，可以拖动垂直或水平滚动条来查看工作表的内容。当工作表由多页组成时，可以单击 "下一页" 按钮，预览其他页面。单击 "页边距" 按钮可以显示页边距，拖动边距线可以调整页边距。

2）打印工作表

确认打印效果无误后，即可开始打印表格。单击 "文件" 按钮，在下拉菜单中选择 "打印" 命令，打开 "打印" 对话框。在 "份数" 微调框中输入要打印的份数。在 "打印机" 下拉列表中选择当前可使用的打印机，在 "页码范围" 栏中可以选择打印范围。设置完成后，单击 "确定" 按钮，开始打印工作表。

● 任务要求

①启动 WPS 表格，新建"工作簿 1"，将其保存为"财务报表"工作簿。

②将工作表 Sheet1 重命名为"员工信息表"，再新建一个工作表，将其命名为"工资表"。

③在"员工信息表"中，输入"职工号""姓名""部门""性别""身份证号""职务""职称""学历""入职时间""工龄"，并将"身份证号"列设置数据验证，要求身份证号为 18 位，具体数据如图 2.1.1 所示。

④将"员工信息表"在该工作簿中复制一份，并将复制的那份重命名为"员工信息表 _ 备份"。

⑤对"员工信息表"进行格式化处理。

▶ 将标题行 A1：J1 单元格合并为一个单元格，单元格合并后居中，将行高设置为 30 磅，字号设置为 24。

▶ 将正文数据水平、垂直方向均设置居中对齐。

▶ 利用表格样式将 A2：J28 单元格区域设置为"表格式中等深浅 9"。

⑥对"员工信息表"进行打印缩放，要求"所有的列打印在一页"。

⑦完成"财务报表"工作簿的保护。设置"财务报表"工作簿的访问密码为 123456，编辑密码为 666666。

● 任务实施

①双击桌面 WPS 快捷图标启动 WPS 程序，单击标签上的"＋"按钮，进入"新建"页面，在打开的界面中，单击"新建表格"选项卡，单击"新建空白表格"按钮，创建空白工作簿。选择菜单"文件"中的"保存"命令，打开"另存文件"对话框，选择文件保存路径，然后在"文件名"文本框中输入"财务报表"，单击"保存"按钮，保存表格文件。

②打开"财务报表.xlsx"，右键单击工作表 Sheetl，在打开的快捷菜单中选择"重命名"选项，在工作表上输入"员工信息表"。单击"新工作表"按钮即可插入新的工作表并将其命名为"工资表"。

③输入具体信息，操作如下：

▶ 在 A1 单元格输入"员工信息表"。将光标移动到 A2 单元格，在 A2 单元格中输入"职工号"，在 B2 单元格继续输入"姓名"。使用相同方法依次输入标题"部门""性别""身份证号""职务""职称""学历""入职时间""工龄"。

▶ 选中 A3 单元格，输入"001"，将光标移至单元格右下角变成"＋"时，拖拽鼠标至 A28 单元格。

▶ 在单元格 B3：B28 中依次输入员工的姓名，在单元格 C3：C28 中依次输入员工的部门，在单元格 D3：D28 中依次输入员工的性别，在单元格 F3：F28 中依次输入员工的职务，在单元格 G3：G28 中依次输入员工的职称，在单元格 H3：H28 中依次输入员工的学历，在单元格 J3：J28 中依次输入员工的工龄。

▶ 在输入"身份证号"这列数据前，先对数据有效性进行设置。选中 E3：E28 数据区域，单击"数据"选项卡中的"有效性"下拉按钮，在打开的下拉列表中选择"有效性"选项，打开"数据有效性"对话框，选择"设置"选项卡，在"允许"下拉列表框中，选择"文本长度"选项，在"数据"下拉列表框中选择"等于"选项，在"数值"参数框中输入"18"，如图 2.1.31 所示，切换到"出错警告"选项卡，在"样式"下拉列表框中选择"警告"选项，在"标题"文本框中输入"您输入有误"，在"错误信息"文本框中输入"请输入 18 位的身份证号！"，如图 2.1.32 所示，单击"确定"按钮。

图 2.1.31　"数据有效性"对话框　　　图 2.1.32　"出错警告"选项卡

选中 E3 单元格，在 E3 单元格中输入员工的身份证号码。由于单元格太小，数据不能全部显示，或者数据显示"#####"时，可以将光标移到 E 列列标右侧分隔线上，当变为双向箭头时，按住鼠标左键向右拖动，直至数据全部显示。然后依次输入其他员工的"身份证号码"数据。

▶ 在 I3 单元格中输入"2008-03-19"或"2008/03/19"，即第一个员工的入职时间，然后依次在 I4：I28 输入其他员工的入职时间。选中 I3：I28 数据区域，单击鼠标右键，在弹出的快捷菜单中选择"设置单元格格式"命令，打开"单元格格式"对话框，选择"数字"选项卡，在"分类"列表框中选择"日期"选项，在右侧"类型"列表框中选择"2001 年 3 月 7 日"，如图 2.1.33 所示，单击"确定"按钮。

④右键单击"员工信息表"工作表，在打开的快捷菜单中选择"移动或复制"选项，打开"移动或复制工作表"对话框，勾选"建立副本"选项，单击"确定"按钮，如图 2.1.34 所示。右键单击工作表"员工信息表（2）"，在打开的快捷菜单中选择"重命名"选项，在工作表上输入"员工信息表 _ 备份"。

⑤调整单元格格式，操作如下：

▶选中 A1：J1 单元格区域，选择"开始"选项卡下的"合并后居中"菜单命令，使单元格合并后内容居中显示。选中 A1：J1 单元格区域，单击"开始"选项卡下的"行和列"下拉按钮，在下拉按钮中选择"行高"，将行高的值修改为 30 磅。将单元格中"员工信息表"文字选中，单击鼠标右键，在弹出快捷菜单中选择"设置单元格格式"，打开"单元格格式"对话框，选择"字体"选项，选择字号为"24"。

▶选中 A2：J28 单元格区域，单击鼠标右键，在"开始"选项卡中的"对齐方式"中选择"水平居中"和"垂直居中"。

▶选中 A2：J28 单元格区域，单击"开始"选项卡中"表格样式"的下拉按钮，打开"预设样式"对话框，选择"中色系"选项，选择"表格式中等深浅 9"。弹出"套用表格样式"对话框如图 2.1.35 所示，在该对话框中查看表数据源区域是否正确，若无误，则单击"确定"按钮。

图 2.1.33 "单元格格式"对话框

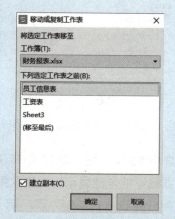

图 2.1.34 "移动或复制工作表"对话框

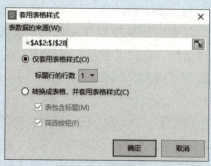

图 2.1.35 "套用表格样式"对话框

⑥在"页面布局"选项卡中单击"打印缩放"下拉按钮，在下拉列表中可以选择"将所有列打印在一页"命令。

⑦单击"文件"按钮，选择"文档加密"选项，并从其级联菜单中选择"密码加密"选项。打开"密码加密"窗格，设置打开文件密码和编辑文件密码，打开文件密码设置为"123456"，编辑文件密码设置为"666666"，设置好后单击"应用"按钮。

任务拓展　制作学生期末成绩表

期末考试结束后，任课老师让小张利用 WPS 表格制作本班同学的成绩表，并以"学生期末成绩表"为文件名进行保存，具体要求如下：

①新建空白工作簿，将工作簿的名字命名为"学生期末成绩表"。将 Sheet1 工作表的名字命名为"学生数据库期末成绩表"。

②将"MySQL 数据库成绩 .xlxs"中的数据复制到"学生期末成绩表 .xlxs"工作簿的"学生数据库期末成绩表"中。"MySQL 数据库成绩 .xlxs"中的数据如图 2.1.36 所示。

③给"性别"列设置数据验证，即添加序列限定只输入"男""女"。

	A	B	C	D	E
1			学生期末成绩表		
2	学号	姓名	性别	平时成绩	期末成绩
3	20210001	郭越	男	95.80	65.00
4	20210002	李佳明	男	95.83	76.00
5	20210003	肖进银	男	97.03	63.00
6	20210004	张伟杰	男	95.80	95.00
7	20210005	徐娟	女	97.00	80.00
8	20210006	袁磊	男	95.77	55.00
9	20210007	陈相印	男	95.80	42.00
10	20210008	梁宇	男	95.80	52.00
11	20210009	赵双双	女	60.00	51.00
12	20210010	陶永莲	女	92.80	70.00
13	20210011	范世菲	女	94.57	54.00
14	20210012	崔婷婷	女	95.80	60.00
15	20210013	胡涛	男	94.64	88.00
16	20210014	丁路生	男	95.85	100.00
17	20210015	徐伟	男	94.62	76.00
18	20210016	张悦	女	95.80	57.00
19	20210017	廖琴	女	78.00	63.00
20	20210018	代园园	女	95.88	66.00
21	20210019	唐放	男	95.80	74.00
22	20210020	全容贤	男	97.00	68.00
23	20210021	黄家祺	男	90.40	67.00
24	20210023	张亚	女	95.83	82.00
25	20210024	谢佩玲	女	93.03	67.00
26	20210025	王力	男	86.62	74.00

图 2.1.36　MySQL 数据库成绩

任务 2.2 电子表格数据计算

💬 任务描述

小王每个月需要制作员工的工资表，工资表中已有员工的职工号、姓名、部门、职务、职称和基本工资等数据信息。本任务通过制作工资表，来学习公式和函数的使用，同时对工资表中的"岗位工资""工龄补贴""应发工资""扣税""实发工资"等数据进行计算，并统计各部门员工的人数和公司中最高实发工资和最低实发工资。结果如图 2.2.1 所示。

	职工号	姓名	部门	职务	职称	基本工资	岗位工资	工龄补贴	应发工资	扣税	实发工资		部门	人数
						工资表								
3	001	陈关敏	人事部	经理	工程师	5100	3000	1400	9500	240	9260		人事部	2
4	002	陈德生	技术部	副经理	高工	6300	1800	2200	10300	320	9980		技术部	12
5	003	彭庆华	技术部	职员	工程师	5100	600	100	5800	24	5776		营销部	5
6	004	陈桂兰	营销部	职员	技术员	4200	600	300	5100	3	5097		财务部	4
7	005	王成祥	技术部	职员	技术员	4200	600	100	4900	0	4900		行政部	3
8	006	何家强	技术部	职员	工程师	5100	600	1300	7000	60	6940		最高工资	10880
9	007	曾伦潇	财务部	经理	高工	6300	3000	2000	11300	420	10880		最低工资	4900
10	008	张新民	技术部	职员	技术员	4200	600	400	5200	6	5194			
11	009	张跃华	技术部	职员	高工	6300	600	2000	8900	180	8720			
12	010	邓都平	技术部	职员	工程师	5100	600	500	6200	36	6164			
13	011	朱京丽	技术部	职员	高工	6300	600	2100	9000	190	8810			
14	012	蓥继炎	技术部	职员	工程师	5100	600	400	6100	33	6067			
15	013	于丽	行政部	经理	工程师	5100	3000	2300	10400	330	10070			
16	014	梁鸿	行政部	职员	技术员	4200	600	600	5400	12	5388			
17	015	刘尚武	行政部	职员	工程师	5100	600	200	5900	27	5873			
18	016	朱强	技术部	职员	工程师	5100	600	900	6600	48	6552			
19	017	丁小飞	技术部	职员	工程师	5100	600	1000	6700	51	6649			
20	018	孙宝庭	技术部	职员	工程师	5100	600	1300	7000	60	6940			
21	019	张湛	技术部	职员	高工	6300	600	0	6900	57	6843			
22	020	郑柏青	财务部	职员	工程师	5100	600	600	6300	39	6261			
23	021	王秀明	人事部	职员	工程师	5100	600	600	6300	39	6261			
24	022	贺东	财务部	职员	工程师	5100	600	500	6200	36	6164			
25	023	基少华	营销部	经理	高工	6300	3000	1600	10900	380	10520			
26	024	张群义	营销部	职员	技术员	4200	600	100	4900	0	4900			
27	025	张亚英	营销部	职员	工程师	5100	600	200	5900	27	5873			
28	026	张武	营销部	职员	技术员	4200	600	400	5200	6	5194			

图 2.2.1 工资表统计与分析后的结果

💬 任务分析

WPS 表格常被用于制作绩效考核表，涉及的知识点主要包括公式的基本应用，以及单元格数据的引用。对岗位工资和扣税进行计算时，由于是多条件进行判断，需要使用 IF 函数的嵌套。计算工龄补贴时，由于工龄记录在"员工信息表"中，可以使用 VLOOKUP 函数实现跨表数据的查询。使用 COUNTIF 函数统计各部门员工的人数，使用 MAX 函数和 MIN 函数统计最高实发工资和最低实发工资。

知识准备

2.2.1　合并多个表格

（1）合并成一个工作表

在"开始"选项卡下，单击"工作表"下拉按钮，在弹出的快捷菜单中选择"合并表格"，从其级联菜单中选择"合并成一个工作表"。选中需要合并的行，单击"开始合并"按钮后会自动跳转至合并后的文档。

（2）按相同表名合并工作表

在"开始"选项卡下，单击"工作表"下拉按钮，在弹出的快捷菜单中选择"合并表格"，从其级联菜单中选择"按相同表名合并工作表"。单击"添加文件"按钮，选择相应的工作簿，从工作簿中勾选要合并的相同的表名，如图 2.2.2 所示。单击"开始合并"按钮后会自动跳转至合并后的文档。

图 2.2.2　"合并同名工作表"对话框

（3）整合成一个工作簿

在"开始"选项卡下，单击"工作表"下拉按钮，在弹出的快捷菜单中选择"合并表格"，从其级联菜单中选择"整合成一个工作簿"。单击"添加文件"按钮，选择要合并的工作簿，从工作簿中勾选多个工作表合并一个新工作簿。合并结束后会自动新建合并后的工作簿。

2.2.2 公式

WPS 表格是一款功能强大的数据处理软件，它的强大性主要体现在数据计算和分析方面。WPS 表格不仅可以通过公式对表格中的数据进行一般的加、减、乘、除运算，还可以利用函数进行一些复杂运算，极大地提高了用户的工作效率。

（1）认识公式

公式由运算符和操作数组成，以等号"＝"开始，是指通过使用运算符将数据和函数等元素按一定顺序连接在一起的表达式。运算符可以是算术运算符、比较运算符、文本运算符和引用运算符。操作数可以是常量、单元格引用和函数等。

注意：WPS 表格中的公式必须以"＝"开始，公式中的运算符要用英文半角字符。当公式引用的单元格的数据修改后，公式的计算结果也会自动更新。

（2）运算符

WPS 表格中主要包含 4 类运算符：算术运算符、比较运算符、文本运算符和引用运算符。

1）算术运算符

算术运算符包括加（＋）、减（—）、乘（＊）、除（/）、百分比（％）和乘幂（＾）。算术运算符优先级由高到低分别为百分数、乘幂、乘除、加减。相同优先级的运算符按从左到右的次序进行运算。

2）比较运算符

比较运算符包括大于（＞）、小于（＜）、大于等于（＞＝）、小于等于（＜＝）、不等于（＜＞）。使用比较运算符可以比较两个对象。比较的结果是一个逻辑值：TRUE 或 FALSE。TRUE 表示比较的条件成立，FALSE 表示比较的条件不成立。

3）文本运算符

文本运算符只有一个"&"。"&"的作用是将两个文本连接起来生成一个文本。例如，公式：＝"中国"&"重庆"，结果是"中国重庆"。

4）引用运算符

引用运算符包括冒号（:）、逗号（,）和空格（ ）。表 2.2.1 列出了引用运算符的含义及示例。

表 2.2.1　运算符

引用运算符	含　义	示　例
冒号（:）	区域运算符，对两个单元格之间包括其自身在内的所有单元格进行引用	A1：A4
逗号（,）	联合运算符，将多个引用合并为一个引用	SUM（A1：A4,B2：B5）
空格（ ）	交叉运算符，对同时隶属于两个引用的单元格区域进行引用	SUM（B5：B12　A7：D4）

了解了运算符之后，在输入公式时需要注意运算符的优先级。

（3）输入公式

用户可以在编辑栏中输入公式，也可以直接在单元格中输入公式。单击要输入公式的单元格，在选定单元格内先输入"＝"，在"＝"之后，再输入公式内容，输入完毕后按下"Enter"键确认，这时出现在该单元格内的数据就是按照录入的公式计算后的运算结果，而编辑框内则显示公式内容，如图2.2.3 所示。

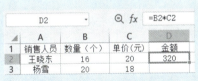

图 2.2.3　公式的输入

如果需要在一行或一列区域内录入相同的公式，可以使用"自动填充"功能进行填充。

（4）编辑公式

输入公式后，如果需要对公式进行修改，可以双击公式所在单元格或按"F2"功能键进入编辑状态，如图 2.2.4 所示，对公式进行修改即可，修改完成后按"Enter"键或单击编辑栏中的"输入"按钮确定。如果要删除公式，只需选中公式所在的单元格后，按"Delete"键即可。

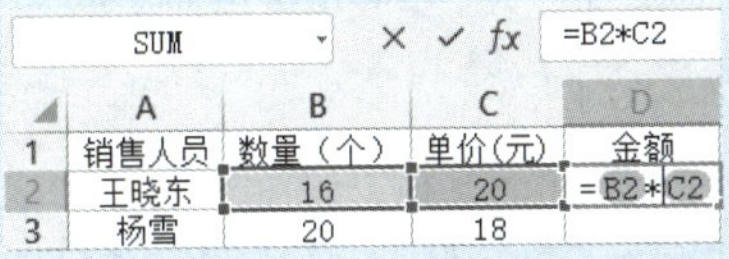

图 2.2.4　公式的编辑

（5）引用单元格

在 WPS 表格公式中经常要引用各单元格的内容，引用的作用是标识工作表上的单元格或单元格区域，并指明公式中使用的数据的位置。通过引用，用户可以在公式中使用工作表中不同部分的数据，或者在多个公式中使用同一个单元格的数据。用户还可以引用同一个工作簿中其他工作表中的数据。在 WPS 表格中，单元格的引用分为相对引用、绝对引用、混合引用和跨工作表的单元格地址引用 4 种。

1）相对引用

相对引用的表示方式为"列标行号"，即单元格的名称，如 A2、B1。相对引用的特点是复制或移动公式时，公式中单元格的行号、列标都会根据目标单元格所在的行号、列标的变化自动进行调整。在默认情况下，对单元格的引用都是相对引用。如图 2.2.5 所示，将 B1 单元格内的公式"＝A1＋6"复制到 B3 单元格内，则公式中的单元格引用随之变为"A3"而不是"A1"。

图 2.2.5　单元格的相对引用

2）绝对引用

绝对引用的表示方式为"$ 列标 $ 行号"，如"A2""B1"。绝对引用的特点是复制或移动公式时，无论目标单元格在什么位置，公式中单元格的行号、列标均保持不变。在实际操作中，选中公式或函数中引用的单元格地址，按下"F4"键可快速添加"$"符号。如图 2.2.6 所示，将 B1 单元格内的公式"＝A1＋6"复制到 B3 单元格内，公式中的单元格引用仍然为"A1"而不是"A3"。

图 2.2.6　单元格的绝对引用

3）混合引用

混合引用的表示方式为"$ 列标行号"或"列标 $ 行号"。如"$A2"表示列绝对引用，行相对引用。混合引用的特点是公式中单元格的行号或列标中只有一个要进行调整，而另一个不变。在实际操作上也可以按下"F4"键添加"$"符号。对列绝对引用，则将列固定；对行绝对引用则将行固定。

4）跨工作表的单元格地址引用

单元格地址的一般形式为：[工作簿文件名] 工作表名！单元格地址

在引用当前工作簿的各工作表单元格地址时，当前"工作簿文件名"可以省略，引用当前工作表单元格的地址时"工作表名！"可以省略。例如，单元格 D1 中的公式为"=（A1＋B1＋C1）*Sheet2！B1"，其中"Sheet2！B1"表示当前工作簿中 Sheet2 工作表中的 B1 单元格地址，而第一个 B1 表示当前工作表的 B1 单元格地址。

2.2.3 函数

在工作表中进行数据分析时，经常要进行大量繁杂的运算，WPS 表格提供了一些预先编辑好的、能实现某种运算功能的公式，称为函数。用户可以直接调用函数来对所选数据进行处理，简化实现复杂运算的编辑过程。

每个函数由一个函数名和相应的参数组成。参数位于函数名的右侧并用括号括起来，函数的格式如下：函数名（[参数 1],[参数 2],… ）。括号中可以有多个参数，参数之间用逗号隔开，其中方括号中的参数是可选参数，没有方括号的参数是不可选的，有的函数可以没有参数。函数中可以用常量、单元格地址、数组、已定义的名称、公式和函数作参数。

（1）函数的输入

在 WPS 表格中，函数的输入方法有很多种，这里介绍 4 种常用的输入方法。在实际使用函数过程中，可根据自己的习惯选择其中一种方式来完成函数的输入工作。

1）直接输入函数

当用户对一些函数非常熟悉时，可以直接输入函数。首先选中单元格，直接在单元格中输入函数公式，或在"编辑栏"中输入即可。

2）插入函数

对于一些比较复杂的函数，用户可能不清楚如何正确输入函数公式，此时可以通过函数向导来完成函数的输入。选择单元格，在"公式"选项卡中单击"插入函数"按钮，或直接单击编辑框左侧的"插入函数"按钮，打开"插入函数"对话框，在"或选择类别"列表中选择函数类别，然后在下方"选择函数"列表框中选择需要的函数，单击"确定"按钮，如图 2.2.7 所示。在弹出的"函数参数"对话框中设置好其函数的相关参数即可。

3）使用函数列表

选中单元格，首先输入"="，当在单元格中输入函数的第一个字母时，系统会自动在其单元格下方弹出以该字母开头的函数列表，在列表中双击选择需要的函数，再输入函数参数即可，如图 2.2.8 所示。

4）快速插入函数

选定要插入函数的单元格，在编辑栏中输入"="，这时名称框中会出现函数名，打开下拉列表，会看到常用函数列在其中，如图 2.2.9 所示。根据需要进行函数选择并设置参数即可。

图 2.2.7　"插入函数"对话框

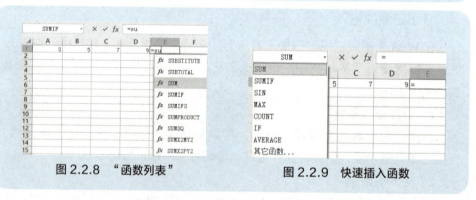

图 2.2.8　"函数列表"　　　　　图 2.2.9　快速插入函数

（2）数学和三角函数

数学和三角函数用于处理各种数学运算。其中最常用的是求和函数 SUM、SUMIF、SUMIFS 等。

①求和函数 SUM（数值 1, 数值 2,…）：返回某一单元格区域中所有数值之和。

SUM 函数最多可以设置 255 个参数，该函数可以对多个区域中的数值或多个单独的数值进行求和。

例如，"＝SUM（A1：A5）"是将单元格 A1：A5 中所有的数值相加；"＝SUM（A1,A3,A5）"是将 A1、A3 和 A5 中的数值相加。

②条件求和函数 SUMIF（条件区域，求和条件，实际求和区域）：对满足条件的单元格求和。

SUMIF 函数的作用是在参数"条件区域"范围内，满足参数"条件"的单元格，计算与之相对应的"求和区域"之和。

例如，如图 2.2.10 所示，计算王阳的销售总额。通过参数设置筛选出在"销售人员"列名为"王阳"的销售人员，并对与之对应的"销售金额"列的单元格求和。

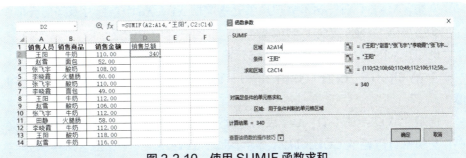

图 2.2.10　使用 SUMIF 函数求和

③ SUMIFS（实际求和区域，条件区域 1，求和条件 1，条件区域 2，求和条件 2…）：对区域中满足多个条件的单元格求和。

例如，利用多条件求和 SUMIFS 函数统计王阳销售牛奶的销售总额。实际求和区域是"销售金额"列，条件区域 1 是"销售人员"列，求和条件 1 是"王阳"，条件区域 2 是"销售商品"列，求和条件 2 是"牛奶"，如图 2.2.11 所示。

图 2.2.11　使用 SUMIFS 函数多条件求和

（3）统计函数

统计函数用于对数据区域进行统计分析。最常用的统计函数包括 COUNT、

MAX、MIN、AVERAGE、COUNTIF、COUNTIFS 函数。

①计数函数 COUNT（数值 1, 数值 2,…）：返回包含数字的单元格以及参数列表中的数字的个数。

COUNT 函数中可以设置 1 ～ 255 个参数，且参数可以是单元格区域、数据常量或公式等。能被计数的数值包括数字和日期，而错误值、逻辑值或其他文本将被忽略。

例如，COUNT（A1：A6）表示统计单元格区域 A1—A6 中包含数值的单元格的个数。

②最大值 MAX 函数（数值 1, 数值 2,…）：返回一组值中的最大值。

例如，MAX（A1：A6）表示从单元格区域 A1—A6 中查找并返回最大值。

③最小值 MIN（数值 1, 数值 2,…）：返回一组值中的最小值。

例如，MIN（A1：A6）表示从单元格区域 A1—A6 中查找并返回最小值。

④ AVERAGE（数值 1, 数值 2,…）：返回所有参数的平均值（算术平均值）。

例如，AVERAGE（A1：A6）表示对单元格 A1—A6 中的数值求算术平均值。

⑤条件计数函数 COUNTIF（条件区域，计数条件）：计算区域中满足给定条件的单元格的个数。

COUNTIF 函数的第二个参数可以是数字、表达式、单元格引用或文本字符串，也可以在参数中使用比较运算符和通配符。COUNTIF 函数的作用是在参数"条件区域"范围内，统计满足参数"计数条件"的单元格个数。

例如，计算数学不及格人数：条件区域是"数学"列，计数条件是"＜60"，如图 2.2.12 所示。

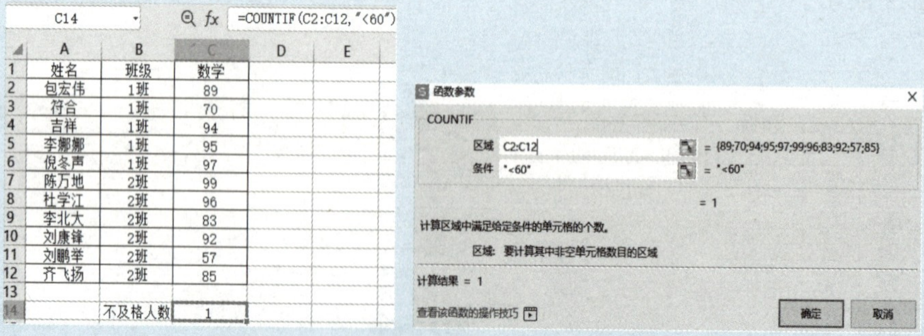

图 2.2.12 使用 COUNTIF 函数统计数据

⑥多条件计数函数 COUNTIFS（条件区域 1, 计数条件 1, 条件区域 2, 计数条件 2, …）：计算区域中满足多个条件的单元格的个数。

例如，利用多条件计数 COUNTIFS 函数统计 1 班数学成绩在 90 分及以上的人数。条件区域 1 是"班级"列，计数条件 1 是"1 班"，条件区域 2 是"数学"列，计数条件 2 是"＞＝90"，如图 2.2.13 所示。

图 2.2.13　使用 COUNTIF 函数统计数据

（4）逻辑函数

逻辑函数用于进行真假值判断或者进行复合检验。最常用的逻辑函数包括 IF、AND、OR。

①逻辑判断函数 IF（测试条件，真值，假值）：判断一个条件是否满足。如果满足返回一个值，不满足则返回另外一个值。

例如，使用 IF 函数判断是否及格。如图 2.2.14 所示，测试条件是"C2＞＝60"，如果测试条件为真，则返回"及格"，否则返回"不及格"。

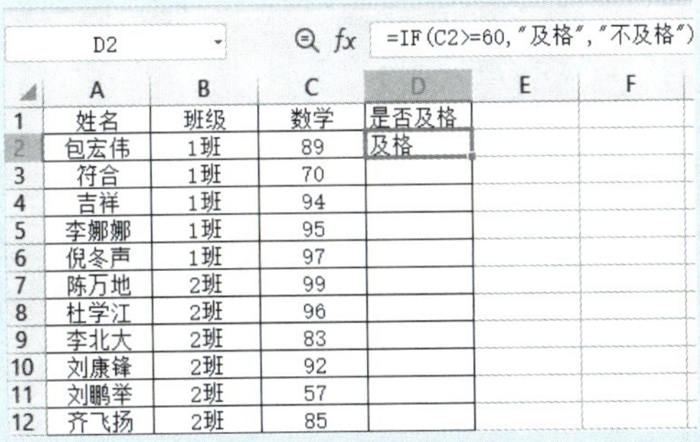

图 2.2.14　使用 IF 函数

②逻辑与函数 AND（测试条件 1，测试条件 2，…）：AND 函数对多个条件进行判断，当多个条件同时满足时返回 TRUE，只要有一个条件不满足，就返回 FALSE。

例如，AND（B2＞60,C2＞60）表示当单元格 B2＞60，并且 C2＞60 时，返回 TRUE，否则返回 FALSE。

③逻辑或函数 OR（测试条件 1，测试条件 2，…）：OR 函数对多个条件进行判断，与 AND 函数不同的是，只要满足其中一个测试条件，就可以返回 TRUE，只有所有条件都不满足的情况下，才返回 FALSE。

例如，OR（B2>50,C2>30）表示当单元格 B2>50, 或者 C2>30 时，结果返回 TRUE，否则返回 FALSE。

（5）查找与引用函数

使用查找与引用函数可以查找表格中特定数值或某一单元格的引用，其中最常用的查找函数为 VLOOKUP 函数。

查找函数 VLOOKUP（查找值，查找区域，查找列数，匹配方式）：用于搜索用户查找范围中的首列中满足条件的数据，并根据指定的列号，返回对应的值。

VLOOKUP 函数中，"查找值"是在"查找区域"的第 1 列中搜索的值；"查找区域"是在其中查找数据的数据列表；"查找列数"不是工作表中的实际的列号，而是用户指定返回值在"查找区域"中的第几列；"匹配方式"是指查找时要求精确匹配还是大致匹配，匹配方式为 0 或 FALSE，函数进行精确查找，如果为 1 或 TRUE，函数进行模糊匹配查找。

例如，在"学生成绩表"中查找"李娜娜"的英语成绩，"查找值"是"G2"单元格的内容，"查找区域"是"姓名"作为第一列的数据区域"A2：E12"，查找列数是"英语"作为查找区域中的第 4 列，匹配条件是 0 表示精确匹配，如图 2.2.15 所示。

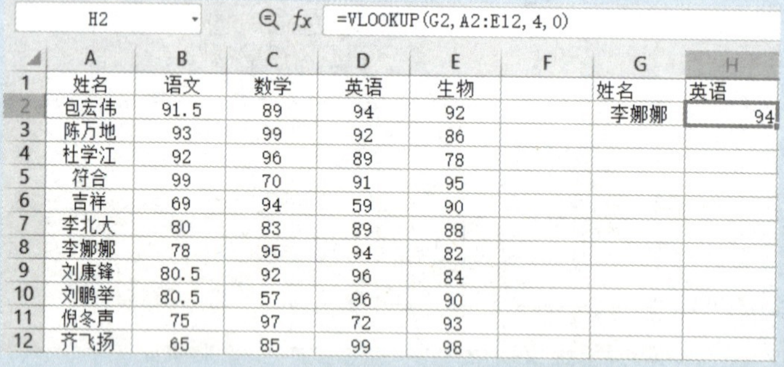

	H2			fx	=VLOOKUP(G2,A2:E12,4,0)			
	A	B	C	D	E	F	G	H
1	姓名	语文	数学	英语	生物		姓名	英语
2	包宏伟	91.5	89	94	92		李娜娜	94
3	陈万地	93	99	92	86			
4	杜学江	92	96	89	78			
5	符合	99	70	91	95			
6	吉祥	69	94	59	90			
7	李北大	80	83	89	88			
8	李娜娜	78	95	94	82			
9	刘康锋	80.5	92	96	84			
10	刘鹏举	80.5	57	96	90			
11	倪冬声	75	97	72	93			
12	齐飞扬	65	85	99	98			

图 2.2.15　使用 VLOOKUP 函数查找

（6）日期和时间函数

日期和时间函数用于在公式中分析处理日期值和时间值。最常使用的日期和时间函数包括 NOW、YEAR、MONTH 函数。

①当前日期和时间函数 NOW：返回日期时间格式的当前日期和时间。该函数没有参数，返回的是计算机系统当前的日期和时间。

②函数 YEAR（日期）：返回日期数据中的年份。

③函数 MONTH（日期）：返回日期数据中的月份。

任务要求

①利用 IF 函数完成工资表中的“岗位工资”的填写。其中岗位工资：经理 3 000 元，副经理 1 800 元，其他岗位 600 元。

②用公式计算应发工资，应发工资 = 基本工资 + 岗位工资。

③利用 IF 函数计算扣税。2018 年起，我国实施最新起征点和税率，起征点为每月 5 000 元。具体扣税方法如下：应发工资 <= 5 000，扣税 =0；5 000< 应发工资 <8 000，扣税 =（应发工资 –5 000）×3%；8 000=< 应发工资 <17 000，扣税 =（应发工资 –5 000）×10%–210；应发工资 >= 17 000，扣税 =（应发工资 –5 000）×20%–1 410。

④用公式计算实发工资，实发工资 = 应发工资 - 扣税。

⑤统计各部门人数、所有部门的实发工资中最高工资、所有部门的实发工资中最低工资。

⑥利用员工信息表的工龄计算工资表的工龄补贴。在工资表的“岗位工资”和“应发工资”之间新增一列并输入“工龄补贴”字段名。

⑦利用 VLOOKUP 函数计算工龄补贴，工龄补贴 = 工龄 *100，并利用函数和公式计算其余数据。

⑧调整应发工资，应发工资 = 基本工资 + 岗位工资 + 工龄补贴。

任务实施

①利用 IF 函数的嵌套来实现多个条件的设定。选中 G3 单元格，在 G3 单元格中输入“=IF（D3=″经理″,3000,IF（D3=″副经理″,1800,600））”，按“Enter”键插入函数，然后使用自动填充功能向下填充即可。

②选中 H3 单元格，在 H3 单元格中输入公式“=F3+G3”，然后使用自动填充功能向下填充即可。

③选中 I3 单元格，在 I3 单元格中输入“=IF（H3<=5000,0,IF（H3<8000,（H3–5000）*0.03,IF（H3<17000,（H3–5000）*0.1–210,（H3–5000）*0.2–1410）））”，如图 2.2.16 所示，按“Enter”键插入函数，然后使用自动填充功能向下填充即可。

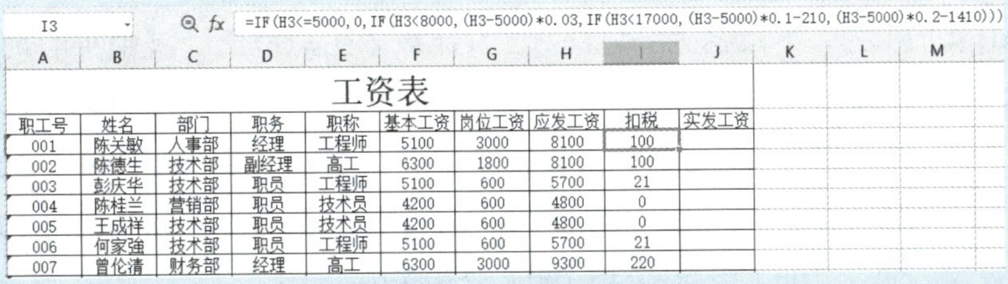

职工号	姓名	部门	职务	职称	基本工资	岗位工资	应发工资	扣税	实发工资
001	陈关敏	人事部	经理	工程师	5100	3000	8100	100	
002	陈德生	技术部	副经理	高工	6300	1800	8100	100	
003	彭庆华	技术部	职员	工程师	5100	600	5700	21	
004	陈桂兰	营销部	职员	技术员	4200	600	4800	0	
005	王成祥	技术部	职员	技术员	4200	600	4800	0	
006	何家強	技术部	职员	工程师	5100	600	5700	21	
007	曾伦清	财务部	经理	高工	6300	3000	9300	220	

图 2.2.16　IF 函数嵌套计算扣税

④选中 J3 单元格，在 J3 单元格中输入公式“=H3−G3”，然后使用自动填充功能向下填充即可。

⑤选中 N3 单元格，在 N3 单元格输入“=COUNTIF（C3：C28, M3）”，即可计算出“人事部”的人数，按“Enter”键插入函数，然后使用自动填充功能向下填充即可。选中 N8 单元格，在 N8 单元格中输入“=MAX（J3：J28）”，即可计算出最高工资。选中 N9 单元格，在 N9 单元格中输入“=MIN（J3：J28）”，即可计算出最低工资。

⑥选中“应发工资”列，单击鼠标右键，在弹出的快捷菜单中选择“插入”，这样就在“应发工资”的左侧插入了新的一列，选中 H2 单元格输入“工龄补贴”。

⑦选中 H3 单元格，在 H3 单元格中输入“=VLOOKUP（B3, 员工信息表！B3：J28,9,0）*100”，如图 2.2.17 所示，按“Enter”键插入函数，然后使用自动填充功能向下填充即可。

H3　fx　=VLOOKUP(B3,员工信息表!B3:J28,9,0)*100

	A	B	C	D	E	F	G	H	I	J	K
1	工资表										
2	职工号	姓名	部门	职务	职称	基本工资	岗位工资	工龄补贴	应发工资	扣税	实发工资
3	001	陈关敏	人事部	经理	工程师	5100	3000	1400	9500	240	9260
4	002	陈德生	技术部	副经理	高工	6300	1800	2200	10300	320	9980
5	003	彭庆华	技术部	职员	工程师	5100	600	100	5800	24	5776
6	004	陈桂兰	营销部	职员	技术员	4200	600	300	5100	3	5097
7	005	王成祥	技术部	职员	技术员	4200	600	100	4900	0	4900

图 2.2.17　VLOOKUP 函数计算工龄补贴

⑧选中 I3 单元格，I3 单元格中输入公式“=F3+G3+H3”，然后使用自动填充功能向下填充即可。

任务拓展　分析学生期末成绩

利用本章所学知识点，对该班学生期末成绩（图 2.2.18）进行分析，具体要求如下：

①添加 1 列，字段名为“总成绩”。计算学生总成绩，其中平时成绩占 50%，期末成绩占 50%，并将该单元格设置成数值型，保留两位小数。

②统计总成绩各个分数段的人数，即小于 60 分的有多少人，60～70（包含 60）分有多少人，70～80（包含 70）分有多少人，80～90（包含 80）分有多少人，90～100（包含 90 和 100）分有多少人。

③统计总成绩中的最高分、最低分和平均分。

④统计总成绩中每个分数段人数所占的比例。

⑤添加 1 列，字段名为"等级"，将总成绩转换成等级，总成绩小于 60 分转换成"不及格"，60～70（包含 60）分转换成"及格"，70～80（包含 70）分转换成"中等"，80～90（包含 80）分转换成"良好"，90～100（包含 90 和 100）分转换成"优秀"。

	A	B	C	D	E
1	学生期末成绩表				
2	学号	姓名	性别	平时成绩	期末成绩
3	20210001	郭越	男	95.80	65.00
4	20210002	李佳明	男	95.83	76.00
5	20210003	肖进银	男	97.03	63.00
6	20210004	张伟杰	男	95.80	95.00
7	20210005	徐娟	女	97.00	80.00
8	20210006	袁磊	男	95.77	55.00
9	20210007	陈相印	男	95.80	42.00
10	20210008	梁宇	男	95.80	52.00
11	20210009	赵双双	女	60.00	51.00
12	20210010	陶永莲	女	92.80	70.00
13	20210011	范世菲	女	94.57	54.00
14	20210012	崔婷婷	女	95.80	60.00
15	20210013	胡涛	男	94.64	88.00
16	20210014	丁路生	男	95.85	100.00
17	20210015	徐伟	男	94.62	76.00
18	20210016	张悦	女	95.80	57.00
19	20210017	廖琴	女	78.00	63.00
20	20210018	代园园	女	95.88	66.00
21	20210019	唐放	男	95.80	74.00
22	20210020	全容贤	男	97.00	68.00
23	20210021	黄家祺	男	90.40	67.00
24	20210023	张亚	女	95.83	82.00
25	20210024	谢佩玲	女	93.03	67.00
26	20210025	王力	男	86.62	74.00

图 2.2.18　学生期末成绩表

任务 2.3　电子表格数据管理

💬 任务描述

小王对工资表进行统计分析，以了解每个部门的工资情况。按每个部门进行升序排序，相同部门按实发工资降序排序。筛选出实发工资大于 6 000 元的、基本工资大于 6 000 元或实发工资大于 9 000 元的员工信息，将实发工资 > 9 000 元的用红色填充，并统计每种职称的人数。最终效果图如图 2.3.1—图 2.3.5 所示。

工资表

职工号	姓名	部门	职务	职称	基本工资	岗位工资	工龄补贴	应发工资	扣税	实发工资
007	曾伦清	财务部	经理	高工	6300	3000	2000	11300	420	10880
020	郑柏青	财务部	职员	工程师	5100	600	600	6300	39	6261
022	贺东	财务部	职员	工程师	5100	600	500	6200	36	6164
008	张新民	财务部	职员	技术员	4200	600	400	5200	6	5194
013	于丽	行政部	经理	工程师	5100	3000	2300	10400	330	10070
015	刘尚武	行政部	职员	工程师	5100	600	200	5900	27	5873
014	梁鸿	行政部	职员	技术员	4200	600	600	5400	12	5388
002	陈德生	技术部	副经理	高工	6300	1800	2200	10300	320	9980
011	朱京丽	技术部	职员	高工	6300	600	2100	9000	190	8810
009	张跃华	技术部	职员	高工	6300	600	2000	8900	180	8720
006	何家强	技术部	职员	工程师	5100	600	1300	7000	60	6940
018	孙宝彦	技术部	职员	工程师	5100	600	1300	7000	60	6940
019	张港	技术部	职员	高工	6300	600	0	6900	57	6843
017	丁小飞	技术部	职员	工程师	5100	600	1000	6700	51	6649
016	朱强	技术部	职员	工程师	5100	600	900	6600	48	6552
010	邓都平	技术部	职员	工程师	5100	600	500	6200	36	6164
012	蒙继炎	技术部	职员	工程师	5100	600	400	6100	33	6067
003	彭庆华	技术部	职员	工程师	5100	600	100	5800	24	5776
005	于成祥	技术部	职员	技术员	4200	600	100	4900	0	4900
001	陈关敏	人事部	经理	工程师	5100	3000	1400	9500	240	9260
021	于秀明	人事部	职员	工程师	5100	600	600	6300	39	6261
023	裴少华	营销部	经理	高工	6300	3000	1600	10900	380	10520
025	张亚英	营销部	职员	工程师	5100	600	200	5900	27	5873
026	张武	营销部	职员	技术员	4200	600	400	5200	6	5194
004	陈桂兰	营销部	职员	技术员	4200	600	300	5100	3	5097
024	张群义	营销部	职员	技术员	4200	600	100	4900	0	4900

图 2.3.1 部门和实发工资排序

工资表

职工号	姓名	部门	职务	职称	基本工资	岗位工资	工龄补贴	应发工资	扣税	实发工资
007	曾伦清	财务部	经理	高工	6300	3000	2000	11300	420	10880
020	郑柏青	财务部	职员	工程师	5100	600	600	6300	39	6261
022	贺东	财务部	职员	工程师	5100	600	500	6200	36	6164
013	于丽	行政部	经理	工程师	5100	3000	2300	10400	330	10070
002	陈德生	技术部	副经员	高工	6300	1800	2200	10300	320	9980
011	朱京丽	技术部	职员	高工	6300	600	2100	9000	190	8810
009	张跃华	技术部	职员	高工	6300	600	2000	8900	180	8720
006	何家强	技术部	职员	工程师	5100	600	1300	7000	60	6940
018	孙宝彦	技术部	职员	工程师	5100	600	1300	7000	60	6940
019	张港	技术部	职员	高工	6300	600	0	6900	57	6843
017	丁小飞	技术部	职员	工程师	5100	600	1000	6700	51	6649
016	朱强	技术部	职员	工程师	5100	600	900	6600	48	6552
010	邓都平	技术部	职员	工程师	5100	600	500	6200	36	6164
012	蒙继炎	技术部	职员	工程师	5100	600	400	6100	33	6067
001	陈关敏	人事部	经理	工程师	5100	3000	1400	9500	240	9260
021	于秀明	人事部	职员	工程师	5100	600	600	6300	39	6261
023	裴少华	营销部	经理	高工	6300	3000	1600	10900	380	10520

图 2.3.2 实发工资大于 6 000 元的员工信息

工资表

职工号	姓名	部门	职务	职称	基本工资	岗位工资	工龄补贴	应发工资	扣税	实发工资
007	曾伦清	财务部	经理	高工	6300	3000	2000	11300	420	10880
013	于丽	行政部	经理	工程师	5100	3000	2300	10400	330	10070
002	陈德生	技术部	副经理	高工	6300	1800	2200	10300	320	9980
011	朱京丽	技术部	职员	高工	6300	600	2100	9000	190	8810
009	张跃华	技术部	职员	高工	6300	600	2000	8900	180	8720
019	张港	技术部	职员	高工	6300	600	0	6900	57	6843
001	陈关敏	人事部	经理	工程师	5100	3000	1400	9500	240	9260
023	裴少华	营销部	经理	高工	6300	3000	1600	10900	380	10520

图 2.3.3 基本工资大于 6 000 元或实发工资大于 9 000 元的员工信息

	A	B	C	D	E	F	G	H	I	J	K
1					工资表						
2	职工号	姓名	部门	职务	职称	基本工资	岗位工资	工龄补贴	应发工资	扣税	实发工资
3	007	曾伦清	财务部	经理	高工	6300	3000	2000	11300	420	10880
4	020	郑柏青	财务部	职员	工程师	5100	600	600	6300	39	6261
5	022	贺东	财务部	职员	工程师	5100	600	500	6200	36	6164
6	008	张新民	财务部	职员	技术员	4200	600	400	5200	6	5194
7	013	于丽	行政部	经理	工程师	5100	3000	2300	10400	330	10070
8	015	刘尚武	行政部	职员	工程师	5100	600	200	5900	27	5873
9	014	梁鸿	行政部	职员	技术员	4200	600	600	5400	12	5388
10	002	陈德生	技术部	副经理	高工	6300	1800	2200	10300	320	9980
11	011	朱京丽	技术部	职员	高工	6300	600	2100	9000	190	8810
12	009	张跃华	技术部	职员	高工	6300	600	2000	8900	180	8720
13	006	何家强	技术部	职员	工程师	5100	600	1300	7000	60	6940
14	018	孙宝彦	技术部	职员	工程师	5100	600	1300	7000	60	6940
15	019	张港	技术部	职员	高工	6300	600	0	6900	57	6843
16	017	丁小飞	技术部	职员	工程师	5100	600	1000	6700	51	6649
17	016	朱强	技术部	职员	工程师	5100	600	900	6600	48	6552
18	010	邓都平	技术部	职员	工程师	5100	600	500	6200	36	6164
19	012	蒙继炎	技术部	职员	工程师	5100	600	400	6100	33	6067
20	003	彭庆华	技术部	职员	工程师	5100	600	100	5800	24	5776
21	005	于成祥	技术部	职员	技术员	4200	600	100	4900	0	4900
22	001	陈关敏	人事部	经理	工程师	5100	3000	1400	9500	240	9260
23	021	于秀明	人事部	职员	工程师	5100	600	600	6300	39	6261
24	023	裴少华	营销部	经理	高工	6300	3000	1600	10900	380	10520
25	025	张亚英	营销部	职员	工程师	5100	600	200	5900	27	5873
26	026	张武	营销部	职员	技术员	4200	600	400	5200	6	5194
27	004	陈桂兰	营销部	职员	技术员	4200	600	300	5100	3	5097
28	024	张群义	营销部	职员	技术员	4200	600	100	4900	0	4900

图 2.3.4　实发工资大于 9 000 元的填充效果

	G	H
34	职称	人数
35	高工	6
36	工程师	14
37	技术员	6
38	总人数	26

图 2.3.5　统计每种职称的人数

💬 任务分析

　　WPS 表格不仅具有计算功能，还具有数据管理功能，特别是在数据分析方面十分便捷高效，可以利用排序、筛选和分类汇总等数据管理工具来完成。通过排序工具，可以按部门和实发工资对数据区域进行排序。通过筛选工具，可以根据给定的条件，筛选出需要的结果；并通过条件格式，将满足指定条件的数据凸显出来。通过分类汇总工具，可以根据指定的分类汇总数据。

💬 知识准备

　　完成 WPS 表格中数据的计算后，还应该对其进行适当的管理与分析，以便用户更好地了解表格中的数据信息，如对数据的大小进行排序，筛选出用户需要查看的部分数据内容，分类汇总显示各项数据，合并计算等。

2.3.1　数据排序

　　对数据进行排序是数据处理最常规的操作，一般分为简单排序和多条件排序，用户可根据实际情况操作。

（1）简单排序

简单排序多指对表格中的某一列进行排序。只需要选中某一列中的任意单元格，在"数据"选项卡中单击"升序"或"降序"按钮，即可对该列数据进行升序或降序排序。升序排序是数据按照从小到大进行排序。降序排序是数据按照从大到小进行排序。

（2）多条件排序

如果通过简单排序有两条或者多条记录的排序次序相同，可以通过设置另外的条件来对含有相同数据的记录进行排序。对工作表中的数据设置两个或两个以上的关键字对其进行排序，选择数据表中任意单元格，在"数据"选项卡中单击"排序"按钮，打开"排序"对话框，设置"主要关键字"。单击"添加条件"按钮，然后设置"次要关键字"，如图 2.3.6 所示。单击"确定"按钮，即可看到排序后的结果。

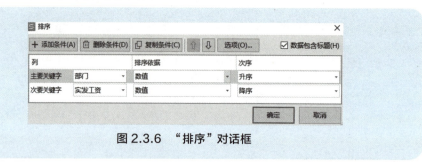

图 2.3.6　"排序"对话框

2.3.2　数据筛选

数据筛选是在工作表中快速查找满足指定条件的记录的一种方法，通过筛选，把满足条件的记录信息显示出来，不满足条件的记录暂时隐藏起来。使用 WPS 表格提供的自动筛选、自定义筛选和高级筛选功能，能够快速、方便地从大量数据中查询出需要的信息。

（1）自动筛选

自动筛选数据就是根据用户设定的筛选条件，自动将表格中符合条件的数据显示出来。自动筛选数据的方法：选择表格中的任意一个单元格，单击"数据"选项卡中的"自动筛选"按钮，所有列标题单元格的右侧自动显示"筛选"按钮，如图 2.3.7（a）所示。每列的字段名处都会出现一个下拉箭头，从下拉列表框中选中需要筛选的选项或取消选中不需要显示的数据，例如筛选所有"班级"为"1 班"的学生成绩记录，在"班级"字段的下拉框中选中"1 班"即可，如图 2.3.7（b）所示。如果想要取消筛选，再次单击"数据"选项卡中的"自动筛选"按钮即可。

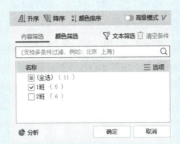

（a）自动筛选　　　　　　　　（b）选中"1 班"

图 2.3.7　使用自动筛选

（2）自定义筛选

自定义筛选一般用于筛选数值型数据，通过设置筛选条件可将符合条件的数据筛选出来。例如，将数学成绩 ＞＝90 的学生信息筛选出来。选择表格中的任意一个单元格，单击"数据"选项卡中的"自动筛选"按钮，单击"数学"旁的筛选按钮，在弹出的面板中单击"数字筛选"按钮，并选择"大于等于"选项，打开"自定义自动筛选方式"对话框，在"数学"下方的文本框中输入 90，如图 2.3.8 所示，单击"确定"，即可把数学成绩 ＞＝90 的学生信息筛选出来。

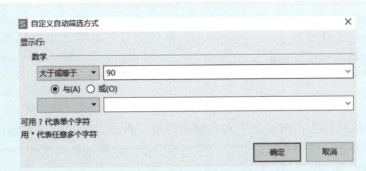

图 2.3.8　"自定义自动筛选方式"对话框

（3）高级筛选

自动筛选只能是对某列数据或多列数据进行筛选，不同列之间同时筛选时，只能是"与"关系。如果条件复杂，不能用自动筛选完成任务，可以使用高级筛选功能来筛选数据。

单击功能区中"数据"选项卡中的"高级筛选"按钮。打开"高级筛选"

对话框，在"方式"选项区域选择所需要的选项，在"列表区域"参数框中选择需要筛选的数据区，在"条件区域"参数框中选择条件区域，如将筛选结果复制到其他位置，在"复制到"参数框中选择筛选数据存放的位置。高级筛选条件是在单元格中，多个条件放在同一行代表须同时满足多个条件，如果放在不同行，则多个条件满足其中一个即可。

例如，将1班语文成绩大于等于90的学生或英语不及格的学生的信息筛选出来。首先在表格的下方创建筛选条件，如图2.3.9（a）所示，然后选择表格中任意单元格，在"数据"选项卡中单击"高级筛选"按钮。打开"高级筛选"对话框，在"方式"选项卡中可以设置筛选结果存放的位置，这里选中"在原有区域显示筛选结果"，然后设置"列表区域"和"条件区域"，如图2.3.9（b）所示，单击"确定"按钮，即可将符合条件的数据筛选出来。

（a）创建筛选条件　　　　（b）"高级筛选"对话框

图 2.3.9　高级筛选

注意：高级筛选中，一般情况下，条件区域与数据清单之间要有空行（列）。条件区域的字段名要与数据清单中的字段名完全一致。

2.3.3　条件格式

条件格式用于将数据表中满足指定条件的数据以特定的格式显示出来，以便于用户直观查看与区分数据。用户可以使用内置的条件格式，也可根据需要新建。

（1）突出显示单元格规则

通过条件格式中的"突出显示单元格规则"命令，可以突出显示指定数据的单元格。例如，将数学成绩小于60的单元格突出显示出来。选择"数学"列中的数据区域，在"开始"功能区单击"条件格式"下拉按钮，在弹出的下拉菜单选择"突出显示单元格规则"命令，并从级联菜单中选择"小于"选项，弹出"小于"对话框，在"为小于以下值的单元格设置格式"文本框中输入"60"，然后在"设置为"列表中选择"浅红填充色深红色文本"选项，如图 2.3.10 所示，单击"确定"按钮，即可把数学成绩小于 60 的单元格突出显示出来。

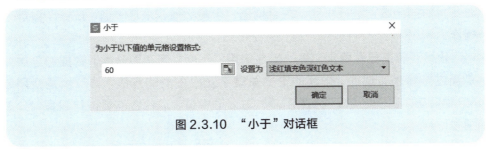

图 2.3.10　"小于"对话框

（2）新建条件格式规则

如果 WPS 表格提供的条件格式选项不能满足实际需要，用户也可通过新建格式规则的方式来创建适合的条件格式。具体方法：选择要设置的单元格区域后，在"开始"选项卡中单击"条件格式"按钮，在下拉列表中选择"新建规则"选项，打开"新建格式规则"对话框，在其中可以选择规则类型和对应用条件格式的单元格格式进行编辑，设置完成后单击"确定"按钮即可。

例如，将数学成绩排名前三的单元格填充红色。在"开始"功能区单击"条件格式"下拉按钮，在弹出的下拉菜单中选择"新建规则"命令。在打开的"新建格式规则"对话框中设置"选择规则类型"为"仅对排名靠前或靠后的数值设置格式"，在"为以下排名内的值设置格式"列表框中输入常量值"3"，如图 2.3.11 所示。单击"格式"按钮，在打开的"单元格格式"对话框中选择"图案"选项卡，设置填充颜色为红色，然后单击"确定"按钮。

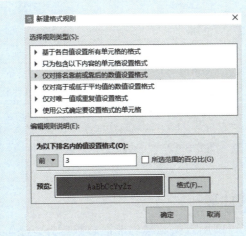

图 2.3.11　设置条件格式

2.3.4　分类汇总

分类汇总是将数据列表中的数据先按照某个字段进行分类，然后使用汇总工具对同组数据进行求和、求平均值、求最大值、求最小值、统计个数等操作。

分类汇总主要有两步。第一步是采用"排序"来实现分类。数据的分类是通过排序来实现的，排序的主要关键字对应分类的方法。第二步是使用"分类汇总"实现汇总。"分类汇总"对话框中有 3 项内容需要进行设置，分别为：

①分类字段：选择用于分类的字段名，与排序中的主要关键字相同。

②汇总方式：选择进行汇总的计算方式。

③选定汇总项：选择进行汇总计算的字段，可以为多个。

例如，统计每个部门的实发工资的平均值。首先对需要分类的字段"部门"进行排序。然后选择表格中任意单元格，打开"数据"选项卡，单击"分类汇总"按钮，打开"分类汇总"对话框，设置"分类字段"为"部门"，汇总方式为"平均值"，选定汇总项为"实发工资"，如图 2.3.12 所示，单击"确定"按钮，即可按照"部门"对"实发工资"进行汇总。

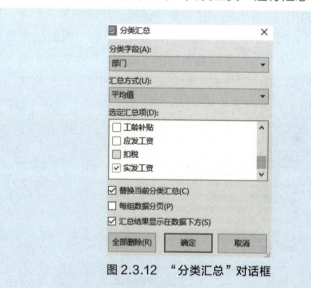

图 2.3.12　"分类汇总"对话框

2.3.5　合并计算

WPS 表格中除了可使用分类汇总功能汇总数据外，还可通过合并计算功能将同类别的数据汇总到一起，并将汇总结果在指定区域中显示。

例如，统计每个班级每门课程的平均分。选择需要存放汇总结果的单元

格，这里选择 G3 单元格，单击"数据"选项卡中的"合并计算"按钮。打开
"合并计算"对话框后，在"函数"下拉列表中选择汇总方式，这里选择"平
均值"选项，在"引用位置"文件框中输入计算区域，这里输入"成绩单！
B1：E12"，单击"添加"按钮。将引用区域添加到"所有引用位置"文
本框中，在"标签位置"栏中勾选"首行""最左列"复选框，如图 2.3.13 所
示，单击"确定"按钮，即可计算出每个班级每门课程的平均分。

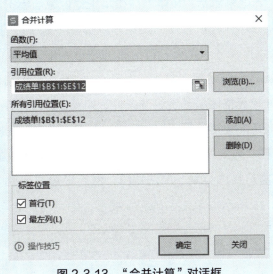

图 2.3.13　"合并计算"对话框

💬 任务要求

①将员工工资表按"部门"为主要关键字升序排序，"实发工资"为次要
关键字降序排序。

②筛选出技术部门实发工资大于 6 000 元的员工信息。

③利用高级筛选将基本工资大于 6 000 元或实发工资大于 9 000 元的员工
信息筛选出来。

④将实发工资 >9 000 元的对应单元格用红色填充。

⑤利用分类汇总统计每种职称的人数。

💬 任务实施

①单击工资表中的数据区域的任意单元格，单击"开始"选项卡中的
"排序"下拉按钮，从下拉菜单中选择"自定义排序"命令，打开"排序"对

话框。将"主要关键字"设置为"部门"，次序选择"升序"。单击"添加条件"按钮，添加"实发工资"字段为次要关键字，次序选择"降序"，单击"确定"按钮，完成排序。

②选中 A2：K28 单元格区域，单击"开始"选项卡中的"筛选"下拉按钮，从下拉菜单中选择"筛选"命令。此时标题行的每个字段都出现一个倒三角形下拉按钮，单击"部门"的下拉按钮，取消"全选"，只勾选"技术部"单击"确定"，则只显示"技术部"员工工资信息。单击"实发工资"的下拉按钮，单击"数字筛选"，在下拉菜单中选择"大于"，打开"自定义自动筛选方式"对话框，在"大于"右侧的列表框中输入"6 000"，单击"确定"按钮，即可筛选出技术部实发工资大于 6 000 元的员工信息。

③在 M6：N8 单元格区域创建筛选条件，如图 2.3.14 所示，然后选中 A2：K28 单元格区域，在"数据"选项卡中单击"高级筛选"按钮。打开"高级筛选"对话框，在"方式"选项卡中可以设置筛选结果存放的位置，这里选中"在原有区域显示筛选结果"单选按钮，然后设置"列表区域"和"条件区域"，如图 2.3.15 所示，单击"确定"按钮，即可将符合条件的数据筛选出来。

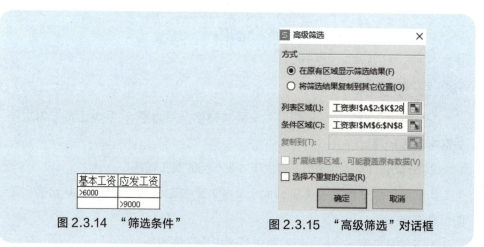

图 2.3.14 "筛选条件"　　　　图 2.3.15 "高级筛选"对话框

④选中 K3：K28 单元格区域，单击"开始"选项卡下"条件格式"下拉按钮，从下拉菜单中选择"突出显示单元格规则"，并从级联菜单中选择"大于"选项，弹出"大于"对话框，在"为大于以下值的单元格设置格式"文本框中输入"9 000"，然后在"设置为"列表中选择"自定义格式"选项，弹出"单元格格式"对话框，单击"图案"选项，单击"红色"，单击"确

定"按钮，即可把实发工资大于 9 000 元的单元格填充红色。

⑤选中"职称"列任意单元格，单击"开始"选项卡中的"排序"按钮，即按职称进行了升序排序。选中 A2: K28 单元格区域，单击"数据"选项卡下"分类汇总"按钮，打开"分类汇总"对话框，设置"分类字段"为"职称"，汇总方式为"计数"，选定汇总项为"职称"，如图 2.3.16 所示，单击"确定"按钮，即统计出每种职称的人数。

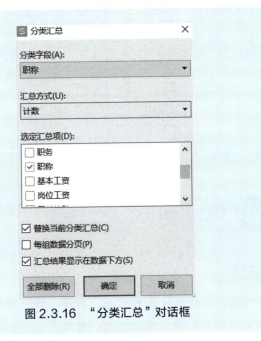

图 2.3.16　"分类汇总"对话框

任务拓展　管理学生期末成绩表

　　某班的学生期末成绩表如图 2.3.17 所示，现对该成绩表进行统计分析。具体要求如下：

　　①将学生成绩按"总成绩"为主要关键字降序排序，"姓名"为次要关键字升序排序。

　　②筛选总成绩大于等于 90 分的学生信息。

　　③将不及格的同学总成绩对应单元格用红色填充。

　　④利用分类汇总计算男生和女生的总成绩的平均值。

▲	A	B	C	D	E	F	G
1				学生期末成绩表			
2	学号	姓名	性别	平时成绩	期末成绩	总成绩	等级
3	20210001	郭越	男	95.80	65.00	80.40	良好
4	20210002	李佳明	男	95.83	76.00	85.92	良好
5	20210003	肖进银	男	97.03	63.00	80.02	良好
6	20210004	张伟杰	男	95.80	95.00	95.40	优秀
7	20210005	徐娟	女	97.00	80.00	88.50	良好
8	20210006	袁磊	男	95.77	55.00	75.39	中等
9	20210007	陈相印	男	95.80	42.00	68.90	及格
10	20210008	梁宇	男	95.80	52.00	73.90	中等
11	20210009	赵双双	女	60.00	51.00	55.50	不及格
12	20210010	陶永莲	女	92.80	70.00	81.40	良好
13	20210011	范世菲	女	94.57	54.00	74.29	中等
14	20210012	崔婷婷	女	95.80	60.00	77.90	中等
15	20210013	胡涛	男	94.64	88.00	91.32	优秀
16	20210014	丁路生	男	95.85	100.00	97.93	优秀
17	20210015	徐伟	男	94.62	76.00	85.31	良好
18	20210016	张悦	女	95.80	57.00	76.40	中等
19	20210017	廖琴	女	78.00	63.00	70.50	中等
20	20210018	代园园	女	95.88	66.00	80.94	良好
21	20210019	唐放	男	95.80	74.00	84.90	良好
22	20210020	全容贤	男	97.00	68.00	82.50	良好
23	20210021	黄家祺	男	90.40	67.00	78.70	中等
24	20210023	张亚	女	95.83	82.00	88.92	良好
25	20210024	谢佩玲	女	93.03	67.00	80.02	良好
26	20210025	王力	男	86.62	74.00	80.31	良好

图 2.3.17　学生期末成绩表

任务 2.4　电子表格数据分析

任务描述

　　本任务将对员工工资表中每种职称人数进行统计分析，并用柱形图显示出来，对图表进行编辑，转换图表类型，修改数据源，创建数据透视表和数据透视图，对不同部门不同职称的实发工资进行统计分析，最终效果如图 2.4.1—图 2.4.6 所示。

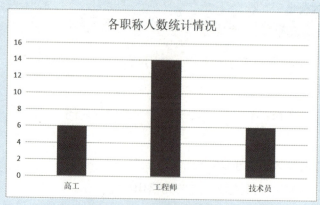

图 2.4.1　各职称人数统计

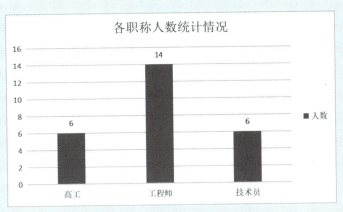

图 2.4.2　添加图例和数据标签

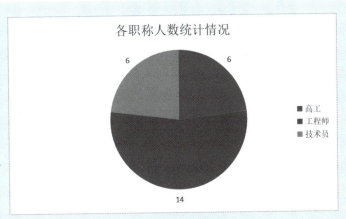

图 2.4.3　柱形图转换为饼图

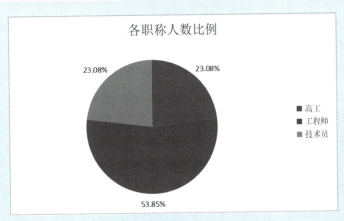

图 2.4.4　各职称人数比例

平均值项:实发工资	职称 ▼			
部门 ▼	高工	工程师	技术员	总计
财务部	10880	6212.5	5194	7124.75
行政部		7971.5	5388	7110.333333
技术部	8588.25	6441.142857	4900	7028.416667
人事部		7760.5		7760.5
营销部	10520	5873	5063.666667	6316.8
总计	9292.166667	6775	5112.166667	6972.153846

图 2.4.5　不同部门不同职称的平均实发工资

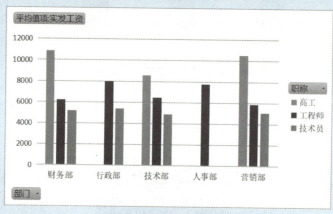

图 2.4.6　数据透视图

🔵 任务分析

　　通过图表类型按钮，可以快速地创建图表。通过"图表工具"选项卡中的相关命令，添加图例和数据标签，转换图表类型，重新选择图表的数据。通过"创建数据透视表"可以创建一维或者多维数据透视表，通过"分析"选项卡可以利用已创建的数据透视表创建数据透视图。

🔵 知识准备

2.4.1　数据对比

　　数据对比是指从一个或多个数据区域中提取所需要的数据。例如，标记重复的销售情况。单击"数据"选项卡中的"数据对比"按钮，在下拉列表中选择"标记重复数据"选项，打开"标记重复数据"对话框，如图 2.4.7 所示，在左侧选择"单区域"选项，在右侧列表区域中选择销售数据区域，对比方式为"整行对比"，并选择整行对比的列为"销售人员"，单击"确认标记"按钮即可。

图 2.4.7 "标记重复数据"对话框

2.4.2 模拟分析

模拟分析工具可以通过更改用于计算目标单元格的单元格中的值，查找目标单元格的最优值。WPS 表格提供了"单变量求解"和"规划求解"两种逆向模拟分析工具，可以帮助用户在工作中做出更为精准的预测分析和商业决策。其中，"单变量求解"适用于只有单一变量的问题，而"规划求解"可以应用于多个变量和多种条件的问题。

（1）单变量求解

单变量求解与普通的求解过程相反，其求解的运算过程为已知某个公式的结果，反过来求公式中的某个变量的值。例如，根据税后工资求解税前工资应为多少，单变量求解可以用来解决这个问题。

首先在工作表中输入基础数据并构建求解公式，如图 2.4.8 所示。在"数据"选项卡中单击"模拟分析"按钮，或者从"模拟分析"按钮的下拉列表中选择"单变量求解"命令，打开"单变量求解"对话框。设置用于单变量求解的各项参数。"目标单元格"编辑框中输入用于产生特定目标数值的公式所在的单元格地址，"目标值"文本框中输入希望得到的结果值，"可变单元格"编辑框中输入能够得到目标值的可变量所在的单元格地址，如图 2.4.9 所示。单击"确定"按钮，弹出"单变量求解状态"对话框，提示已找到与所要求目标值相一致的解。同时，工作表中的"目标单元格"和"可变单元格"已发生了改变。单击"确定"按钮接受并保留计算结果。

图 2.4.8　基础数据

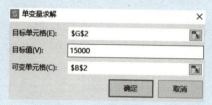

图 2.4.9　"单变量求解"对话框

（2）规划求解

规划求解又称为假设分析，是一组命令的组成部分，不仅可以解决单变量求解单一值的局限性，还可以预测含有多个变量或某个取值范围内的最优值。

例如，某学校欲采购一批书，现已知书的单价，所有书籍的采购预算总金额为 10 000 元，要求计算不同书籍的采购数量。规划求解功能可以解决这个问题。

首先在工作表中输入基础数据，在 C12 单元格中输入公式"=SUMPRODUCT（B2：B11*C2：C11）"，该公式表示用 B2~B11 的值分别乘以 C2~C11 的值，然后再相加。注意应设置 C2：C11 单元格中的数值为整数（书籍采购数量不可能为小数）。选中 C2：C11 单元格区域，同时按下"Ctrl＋1"组合键调出"单元格格式"对话框，在"数字"选项卡下的"分类"列表中选择"数值"，在右侧设置"小数位数"为"0"，单击"确定"按钮。选中公式所在的单元格 C12，单击"数据"选项卡，在"模拟分析"的下拉列表中选择"规划求解"选项。打开"规划求解参数"对话框，在"设置目标"参数框中选择单元格 C12，选中"目标值"单选按钮，并在其文本框中输入数值 10 000，在"通过更改可变单元格"参数框中选择数据区域 C2：C11，如图 2.4.10 所示。单击"求解"按钮，开始规划求解。在打开的"规划求解"对话框中，选中"保留规划求解的解"单选按钮，单击"确定"按钮，完成规划求解，结果如图 2.4.11 所示。

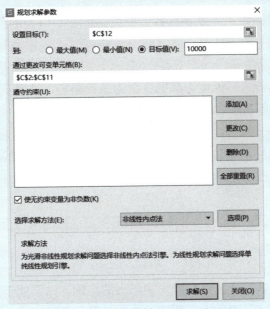

图 2.4.10　“规划求解参数”对话框

C12　=SUMPRODUCT(B2:B11,C2:C11)

	A	B	C	D	E	F
1	图书编号	单价	数量			
2	001	59.2	20			
3	002	36.5	12			
4	003	46.8	16			
5	004	28.4	10			
6	005	37.9	13			
7	006	65.2	22			
8	007	53.7	18			
9	008	78.6	26			
10	009	48.7	16			
11	010	69	23			
12			10000			

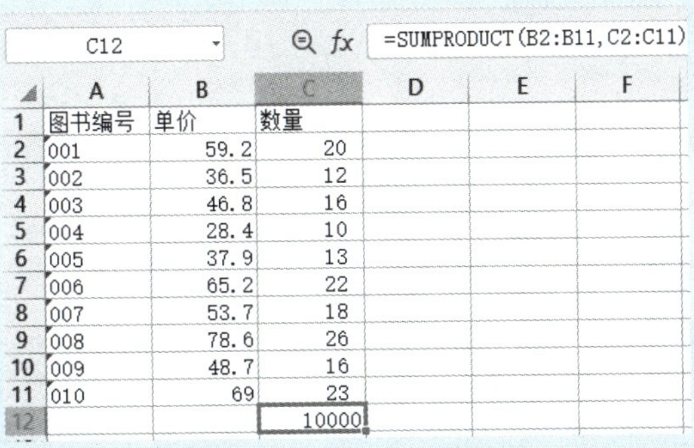

图 2.4.11　规划求解结果

2.4.3　图表

WPS 表格的强大功能不仅体现在对数据的处理上，而且它能方便、快捷地把枯燥的数据转换成直观的图表展示给用户。用图表来展示数据，不仅可以清晰地体现数据之间的各种对应关系和变化趋势，而且更加生动形象，便于理解。

（1）图表类型

图表类型对于表达的信息具有重要的影响，对不同的信息，应该采用合适的图表类型来表达。WPS 表格为用户提供的图表类型主要有柱形图、折线图、条形图、饼图等多类图表及若干子类，如图 2.4.12 所示。各类图表又有不同的特点。

1）柱形图

柱形图是以长方形长度为数据变量的统计图形，常用于显示一段时间内的数据变化或显示各项之间的比较情况。

2）折线图

折线图可以显示随时间（根据常用比例设置）而变化的连续数据，因此非常适用于显示在相等时间间隔下数据的趋势。

3）条形图

将柱形图沿顺时针旋转 90°就成为条形图。条形图常用于显示各个项目之间的比较情况。

4）饼图

饼图适合表达各个成分在整体中所占的比例。为了便于阅读，饼状图包含的项目不宜过多，原则上不要超过 5 个扇区，如图 2.4.12（d）所示。如果项目太多，可以尝试把一些不重要的项目合并成"其他"。

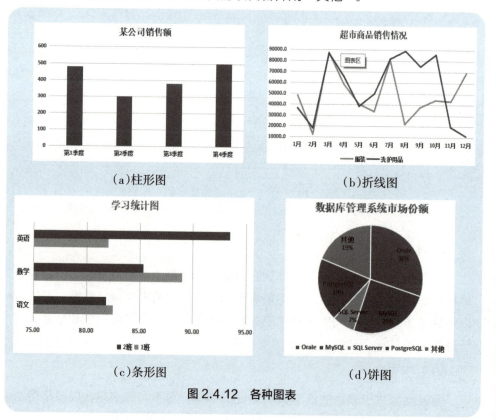

（a）柱形图　　　　　　　　　　（b）折线图

（c）条形图　　　　　　　　　　（d）饼图

图 2.4.12　各种图表

（2）创建图表

创建图表时，首选在工作表中选定要创建图表的数据，在"插入"选项卡中单击要创建的图表类型按钮。例如，单击"条形图"按钮，从下拉菜单中选择需要的图表类型格式，即可在工作表中创建条形图，如图 2.4.13 所示。

图 2.4.13　创建条形图

（3）图表的编辑

选中创建的图表，功能区中将多出"绘图工具""文本工具""图表工具"3 个选项卡，通过其中的命令按钮，可以对图表进行编辑。

1）选定图表项

在对图表进行修饰之前，应该选定图表项，可以将一些成组显示的图表项细分为单独的元素。例如，为了在数据系列中选定一个单独的数据标记。可以先单击数据系列，再单击其中的数据标记。

2）调整图表的大小

选择图表，将鼠标指针移到图表右下角的控制点上，按住鼠标左键不放并拖动光标，即可调整图表的大小。用户也可以切换到功能区中的"绘图工具"选项卡，在"高度"和"宽度"微调框中输入相应的数值。

3）调整图表的位置

移动图表位置分为在当前工作表中移动和在不同工作表之间移动。在当前工作表中动图表时，只需单击图表区，并按住鼠标左键将其移动到合适的位置。如果要将图表在不同工作表之间移动，如将其由 Sheet1 移动到 Sheet3。选中图表后，在"图表工具"选项卡中单击"移动图表"按钮，打开"移动图表"对话框，选中"对象位于"单选按钮，在其右侧下拉列表框中选择 Sheet3 选项，如图 2.4.14 所示，单击"确定"按钮，即可实现图表的移动操作。

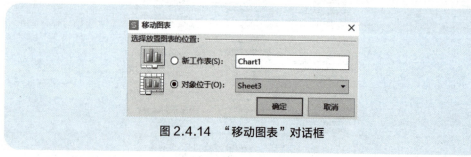

图 2.4.14　"移动图表"对话框

4）更改图表源数据

图表创建完成后，可以在后续操作中根据需要重新选择数据。

重新选择数据：切换到"图表工具"选项卡，单击"选择数据"按钮，打开"编辑数据源"对话框；然后单击"图表数据区域"右侧的折叠按钮，在工作表中重新选择数据源区域，如图 2.4.15 所示；单击"确定"按钮，即可在图表中完成数据的重新选择。

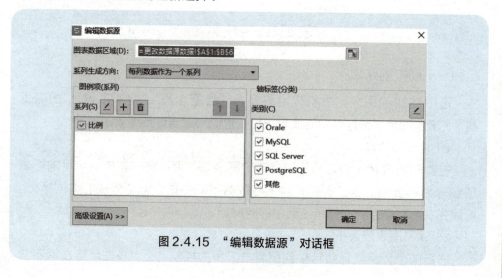

图 2.4.15　"编辑数据源"对话框

（4）修改图表内容

创建一个图表后，默认显示"图表标题""水平轴""垂直轴""图例"等元素。用户可以根据需要添加其他元素或者修改原有的元素，如添加数据标签等。

1）设置坐标轴格式

单击鼠标右键选中图表坐标的纵（横）坐标轴数值，在弹出的快捷菜单中选择"设置坐标轴格式"命令，可打开"属性"任务窗格，自动切换到"坐标轴选项"选项卡。在打开的"属性"对话框中对坐标轴进行设置。例如，切换到"坐标轴选项"中的"坐标轴"选项卡，设置"单位"的"主要"值为适当的数据，可以调整坐标轴刻度单位，使网格线控制在 4~6 根之间，让图表更具商务水准，满足用户的阅读需要，如图 2.4.16 所示。

图 2.4.16　设置坐标轴格式

2）添加数据标签

数据标签是显示在数据系列上的数据标记。可以为图表中的数据系列、单个数据点或者所有数据点添加数据标签，添加的标签类型由选定数据点相连的图表类型决定。

选中图表，在"图表工具"选项卡中单击"添加元素"按钮，从下拉菜单中选择"数据标签"命令，从其级联菜单中选择添加数据标签的位置。

3）更改图表类型

当用户对插入的图表不满意时，可以更改图表的类型。选中图表，打开"图表工具"选项卡，单击"更改类型"按钮，打开"更改图表类型"对话框，如图 2.4.17 所示，从中选择所需图表类型，单击"插入"按钮，即可更改图表类型。

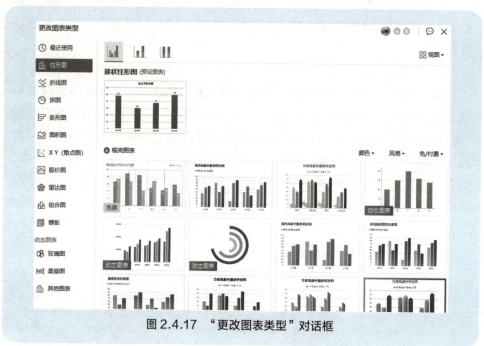

图 2.4.17　"更改图表类型"对话框

4）设置图表样式

WPS 表格也内置了一些图表样式，允许用户快速对图表进行美化。选中图表，打开"图表工具"选项卡，单击"快速布局"按钮，从下拉列表中选择图表的布局类型，然后选择图表的颜色搭配方案。

2.4.4　数据透视表与数据透视图

数据透视表是一种对大量数据快速汇总和建立交叉表的交互式表格，可以帮助用户分析和组织数据。

创建数据透视表

（1）创建数据透视表

以统计不同地区不同类别的销售金额为例。创建数据透视表需要选中源表格中任意单元格，在"插入"选项卡中单击"数据透视表"按钮，打开"创建数据透视表"对话框，WPS 会自动选中"请选择单元格区域"按钮，并在文本框中自动填入数据区域。在"请选择放置数据透视表的位置"选项组中选中"现有工作表"按钮，并在现有工作表中选中 H6 单元格存放数据透视表，如图 2.4.18 所示，单击"确定"按钮，即可创建一个空白数据透视表。

在空白数据透视表的右侧会弹出一个"数据透视表"窗格，在"字段列表"列表框中将"产品类别"字段拖到"行"文本框中，将"所属区域"拖到"列"文本框中，将"金额"字段拖到"值"文本框中。这样数据透视表就创建好了。

图 2.4.18　"创建数据透视表"对话框

（2）更新数据透视表数据

当数据源发生变化后，右键单击数据透视表的任意单元格，从弹出的快捷菜单中选择"刷新"命令，以便及时更新数据透视表中的数据。

（3）添加和删除数据透视表字段

数据透视表创建完成后，用户还可以根据需要在数据透视表中添加或删除字段。例如，在上述透视表的基础上统计不同地区不同类别的不同日期销售金额。单击数据透视表中的任意单元格，从"字段列表"列表框中将"日期"字段拖到"行"文本框中。

如果要删除某个数据透视表字段，在"数据透视表字段"任务窗格中取消选中"字段列表"列表框中相应的复选框。

（4）查看数据透视表中的明细数据

在 WPS 表格中，可以显示或隐藏数据透视表中字段的明细数据。单击行标签前面的按钮，即可展开或折叠数据透视表中的数据，如图 2.4.19 所示。或者选择"分析"选项卡，单击"展开字段"按钮，即可显示明细数据；单击"折叠字段"按钮，即可将数据折叠起来。

求和项:金额		所属区域				
产品类别	日期	宁波	上海	无锡	重庆	总计
⊟彩盒		98591.68	7241.33	3519.22	97384.58	206736.82
	2021年1月5日				1059.33	1059.33
	2021年1月6日				5761.79	5761.79
	2021年1月7日		5418.18			5418.18
	2021年1月8日		1823.16			1823.16
	2021年1月11日			3519.22		3519.22
	2021年1月23日	53077.69				53077.69
	2021年3月10日	25198.36				25198.36
	2021年3月11日	16842.43				16842.43
	2021年5月4日				80071.07	80071.07
	2021年5月5日	595.65			6456.86	7052.51
	2021年5月6日				4035.54	4035.54
	2021年5月13日	2877.54				2877.54
⊞服装		370967.40	546664.42	28386.53	340157.79	1286176.14
⊞暖靴		98251.26	65151.80	25112.31	102060.49	290575.86
⊞睡袋		267295.92	128038.66	24896.29	852608.57	1272839.44
总计		835106.26	747096.22	81914.35	1392211.44	3056328.26

图 2.4.19　显示明细数据

（5）利用数据透视表创建数据透视图

数据透视图是以图表的形式更直观地分析数据透视表中的数据，它与数据透视表互相关联，其中一个对象发生了变化，另外一个对象也会发生相同的变化。下面以上述透视表为基础，创建数据透视图。

单击数据透视表的任意单元格，选择"分析"选项卡，单击"数据透视图"按钮，打开"插入图表"对话框，从左侧列表框中选择"柱形图"图表类型，从右侧列表框中选择"簇状柱形图"子类型。单击"插入"按钮，即可在工作表中插入数据透视图，如图 2.4.20 所示。

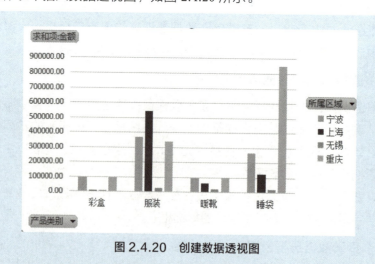

图 2.4.20　创建数据透视图

💬 任务要求

①将任务 2.3 中统计的每种职称的人数，用柱形图显示出来，并设置标题为"各职称人数统计情况"。

②要求在右侧显示图例，数据标签值显示在"数据标签外"。

③将柱形图转换成饼图。

④计算每种职称人数占总人数的比例，修改饼图的数据源为不同职称名和计算的比例，并修改标题为"各职称人数比例"。

⑤创建数据透视表，计算不同部门不同职称的平均实发工资。

⑥在上一题的数据透视表的基础上创建对应的数据透视图。

任务实施

①在表格右下方单独列出职称及人数，见图 2.3.5。选中 G35：H37 单元格的数据，在"插入"选项卡中单击"插入柱形图"按钮，创建职称人数统计柱形图。选中图表，双击标题，修改为"各职称人数统计情况"。

②选中图表，单击"图表工具"中的"添加元素"下拉按钮，在弹出菜单中选择"数据标签"，在其级联菜单中选择"数据标签外"，即可在柱形图外显示数据。单击"图表工具"中的"添加元素"下拉按钮，在弹出菜单中选择"图例"，在其级联菜单中选择"右侧"，这样图例就显示在右侧了。

③选中图表，单击"图表工具"下的"更改类型"，打开"更改图表类型"对话框，选择"饼图"选项中的饼图，即可将柱形图转换成饼图。

④选中 I35：I38 单元格，选择"开始"选项卡，调整数字格式为百分比格式。在 I35 单元格中输入"＝H35/H38"，即高工人数除以总人数，得出高工人数所占总人数的百分比。将鼠标放在 I35 单元格的右下方，拖动鼠标向下填充，即可计算出各种职称人数所占总人数的比例。选中图表，单击"图表工具"中的"选择数据"，打开"编辑数据源"对话框，在"图表数据区域"选择 G35：G37 和 I35：I37 两列。单击"确定"按钮即可修改数据源，如图 2.4.21 所示。双击标题，修改为"各职称人数比例"。

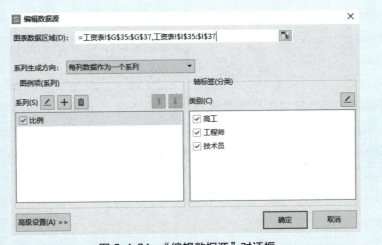

图 2.4.21　"编辑数据源"对话框

⑤选中源表格中任意单元格，在"插入"选项卡中单击"数据透视表"按钮，打开"创建数据透视表"对话框，WPS表格会自动选中"请选择单元格区域"按钮，并在文本框中自动填入数据区域。在"请选择放置数据透视表的位置"选项组中选中"现有工作表"按钮，并在现有工作表中选中N7单元格存放数据透视表，单击"确定"按钮，即可创建一个空白数据透视表。在空白数据透视表的右侧会弹出一个"数据透视表"窗格，如图2.4.22所示，在"字段列表"列表框中将"部门"字段拖到"行"文本框中，将"职称"拖到"列"文本框中，将"实发工资"字段拖到"值"文本框中。在"值"文本框中选中"求和项：实发工资"右侧的倒三角形按钮，选择"值字段设置"选项，在打开的"值字段设置"对话框中选择"计算类型"的"平均值"选项，单击"确定"按钮，即可创建各部门不同职称的实发工资的平均值的透视表。

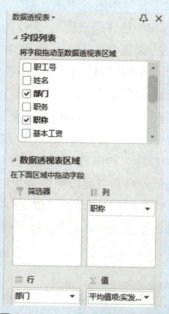

图2.4.22　"数据透视表"窗格

⑥单击数据透视表的任意单元格，选择"分析"选项卡，单击"数据透视图"按钮，打开"插入图表"对话框，从左侧列表框中选择"柱形图"图表类型，从右侧列表框中选择"簇状柱形图"子类型。单击"插入"按钮，即可在工作表中插入数据透视图。

任务拓展　学生期末成绩表分析

现有某班的学生期末成绩表，如图 2.4.23 所示。现对该成绩表进行统计分析，具体要求如下：

①将任务 2.2 后的任务拓展中统计的每个分数段的人数所占的比例用饼图显示出来，并设置标题为"学生期末成绩情况"。

②要求饼图的图例显示在顶部，饼图的数据标签显示在"数据标签内"。

③创建数据透视表，计算男生、女生的人数。

④利用创建的数据透视表创建数据透视图。

	A	B	C	D	E	F	G	H	I	J	K
1				学生期末成绩表					期末成绩分段统计情况		
2	学号	姓名	性别	平时成绩	期末成绩	总成绩	等级		总成绩分数段	人数	比例
3	20210001	郭越	男	95.80	65.00	80.40	良好		0-59分	1	4.17%
4	20210002	李佳明	男	95.83	76.00	85.92	良好		60-69分	1	4.17%
5	20210003	肖进银	男	97.03	63.00	80.02	良好		70-79分	7	29.17%
6	20210004	张伟杰	男	95.80	95.00	95.40	优秀		80-89分	12	50.00%
7	20210005	徐娟	女	97.00	80.00	88.50	良好		90-100分	3	12.50%
8	20210006	袁磊	男	95.77	55.00	75.39	中等		总计	24	
9	20210007	陈相印	男	95.80	42.00	68.90	及格		最高分	97.93	
10	20210008	梁宇	男	95.80	52.00	73.90	中等		最低分	55.50	
11	20210009	赵双双	女	60.00	51.00	55.50	不及格				
12	20210010	陶永莲	女	92.80	70.00	81.40	良好				
13	20210011	范世菲	女	94.57	54.00	74.29	中等				
14	20210012	崔婷婷	女	95.80	60.00	77.90	中等				
15	20210013	胡涛	男	94.64	88.00	91.32	优秀				
16	20210014	丁路生	男	95.85	100.00	97.93	优秀				
17	20210015	徐伟	男	94.62	76.00	85.31	良好				
18	20210016	张悦	女	95.80	57.00	76.40	中等				
19	20210017	廖琴	女	78.00	63.00	70.50	中等				
20	20210018	代园园	女	95.88	66.00	80.94	良好				
21	20210019	唐放	男	95.80	74.00	84.90	良好				
22	20210020	全容贤	男	97.00	68.00	82.50	良好				
23	20210021	黄家祺	男	90.40	67.00	78.70	中等				
24	20210023	张亚	女	95.83	82.00	88.92	良好				
25	20210024	谢佩玲	女	93.03	67.00	80.02	良好				
26	20210025	王力	男	86.62	74.00	80.31	良好				

图 2.4.23　学生期末成绩表

项目考核

打开工作簿"销售统计表.xlsx"中的 Sheet1 工作表，如图 2.4.24 所示，按照要求完成下列操作并进行保存。

①将工作表 Sheet1 重命名为"销售统计表"，在字段名"单价（元）"后面添加一列，字段名为"销售金额（元）"，其中销售金额 = 销量 * 单价。

②在"销售金额（元）"后面添加一列，字段名为"销售月份"。销售月

份可通过日期函数计算。

	A	B	C	D	E	F
1	日期	地区	业务员	产品名称	销量（个）	单价（元）
2	2021/1/6	重庆	赵宇	订书机	200	25
3	2021/1/23	北京	王琴	钢笔	50	35
4	2021/2/26	北京	周莉莉	笔记本	360	15
5	2021/4/1	重庆	向群	铅笔	930	0.5
6	2021/4/18	北京	周莉莉	订书机	740	25
7	2021/5/5	北京	周莉莉	钢笔	960	35
8	2021/6/8	重庆	向群	笔记本	410	15
9	2021/7/12	重庆	赵宇	铅笔	280	0.5
10	2021/7/29	重庆	赵宇	订书机	81	25
11	2021/8/15	重庆	赵宇	钢笔	35	35
12	2021/9/1	北京	周莉莉	钢笔	65	35
13	2021/9/18	重庆	向群	笔记本	112	15
14	2021/10/5	北京	周莉莉	订书机	28	25
15	2021/10/22	重庆	向群	铅笔	640	0.5
16	2021/11/8	重庆	向群	订书机	870	25
17	2021/11/25	北京	周莉莉	钢笔	620	35
18	2021/2/1	北京	王琴	铅笔	870	0.5
19	2021/2/18	重庆	赵宇	订书机	32	25
20	2021/3/7	杭州	赵磊	钢笔	70	35
21	2021/4/27	重庆	向群	笔记本	96	15
22	2021/5/31	杭州	周莉莉	钢笔	80	35
23	2021/6/17	杭州	周莉莉	订书机	27	25
24	2021/8/7	杭州	周莉莉	订书机	42	25
25	2021/8/24	杭州	赵佳佳	订书机	76	25
26	2021/9/10	北京	王琴	钢笔	69	35
27	2021/9/27	杭州	赵磊	钢笔	76	35
28	2021/10/14	杭州	赵磊	钢笔	57	35
29	2021/10/31	北京	王琴	钢笔	47	35
30	2021/11/17	北京	王琴	笔记本	110	15
31	2021/12/4	北京	王琴	笔记本	94	15

图 2.4.24　销售统计表

③统计最高销售金额和最低销售金额。

④按"地区"为主要关键字升序排序，"销售金额"为次要关键字降序排序。

⑤筛选出重庆地区销售金额大于等于 5 000 元或销量大于 600 个的销售信息。

⑥利用分类汇总工具统计每个月销售总额。

⑦将统计的每个月的销售总额用折线图显示出来，要求标题为"月销售情况分析"。

⑧创建数据透视表，统计不同地区各种产品的销售总额。

⑨套用表格样式中的"表格式中等深浅 5"，设置表格中的字体为"楷体"，字号为"12"。对齐方式为"水平居中"，将销售金额单元格区域设置为不带小数的货币格式。

⑩设置"销售统计表"工作簿的访问密码为 111111，编辑密码为 222222。

项目 3　演示文稿的制作

项目概要

    WPS 可以实现办公软件最常用的文字、表格、演示、PDF 等多种功能。WPS 2019 演示全面支持 PPT 各种动画效果，并支持声音和视频的播放。为了在工作中将自己所想表达的信息组织在一组图文并茂的画面里，可以利用WPS 2019 制作演示文稿。

项目任务

📊 任务 3.1　制作竞聘演示文稿

📊 任务 3.2　制作美食宣传演示文稿

学习目标

📊 学会新建并保存演示文稿

📊 学会输入和编辑文本

📊 学会插入和编辑幻灯片对象

📊 学会设计幻灯片的母版

📊 学会将演示文稿保存为模板

📊 学会设置幻灯片动画

📊 学会放映幻灯片

📊 学会输出不同的幻灯片格式

工信部：软件和信息技术服务业对国民经济带动作用凸显

任务 3.1　制作竞聘演示文稿

💬 任务描述

　　小 A 想要参与竞聘集团内部的项目经理岗位，在竞聘正式开始之前，小 A 需要梳理自己的岗位经历、工作成效、履职能力和工作规划，制作成一份竞聘演示文稿向集团人事小组展示。

💬 任务分析

　　要制作一份竞聘演示文稿，主要涉及一些基本操作，如创建与保存演示文稿、编辑幻灯片、调整幻灯片的版式、输入文本和各种对象等，最后掌握幻灯片的几种演示视图，达到演示目的。

💬 知识准备

3.1.1　WPS 2019 演示的简介

（1）WPS 2019 演示的启动

　　安装好 WPS 2019 后，使用 WPS 2019 演示软件制作的文档被称为演示文稿（PPT），其扩展名为 .ppt（.dps/.pptx 演示文稿同样可以打开）。启动 WPS 方法有很多，常用方法有：

　　▶单击"开始"→"所有程序"→"WPS Office"→"WPS Office"选项，来启动 WPS 程序，如图 3.1.1 所示。在 WPS 软件中，选择"首页"→"新建"菜单项，选择"新建演示"。

　　▶双击桌面上 WPS 的快捷方式图标→启动 WPS 程序，选择"首页"→"新建"菜单项，选择"新建演示"。

图 3.1.1　开始启动界面

▶双击任意一个演示文稿（.dps/.ppt/.pptx），打开 WPS 演示。

（2）WPS 2019 演示窗口简介

WPS 2019 演示的工作窗口主要包括标题栏、功能区、幻灯片 / 大纲窗格、编辑区、状态栏和视图工具，如图 3.1.2 所示。

图 3.1.2　WPS 窗口

①标题栏：此处会显示演示文稿的名称。

②功能区：功能区内单击不同的选项卡，会显示不同的操作工具。功能区左上角的几个小图标是快速访问工具栏，在快速访问工具栏里，可以快速对演示文稿进行一些基础操作。

③幻灯片 / 大纲窗格：查看所有幻灯片和切换幻灯片。

④编辑区：显示正在编辑的演示文稿内容，下方为备注窗口，可在此处添加幻灯片的备注。

⑤状态栏和视图工具：在状态栏里可以看到演示文稿页数。幻灯片默认是普通视图。在此处可调整是否显示备注母版，快速切换幻灯片浏览和阅读视图；以及创建演讲实录，调整放映方式；还可调整页面缩放比例，拖动滚动条可快速调整；最右侧是调整显示比例的按钮。

（3）WPS 2019 演示的关闭

完成竞聘演示文稿的编辑后要退出 WPS 的工作环境，常用的方法有以下几种：

▶单击 WPS 窗口右上角的"关闭"按钮。

▶单击"文件"选项卡下的"退出"选项。

▸在标题栏上单击鼠标右键，在弹出的快捷菜单中选择"关闭"命令。

3.1.2 创建与保存演示文稿

（1）创建演示文稿

制作竞聘演示文稿首先要创建一个新的演示文稿。启动 WPS 2019 演示，单击标题栏上的加号新建，在 WPS 2019 演示的"新建"对话框中，提供了很多不同类型的演示文稿模板，可以根据需要选择不同风格的模板，这里直接单击"新建空白演示文稿"，创建一个空白的演示文稿，如图 3.1.3 所示。

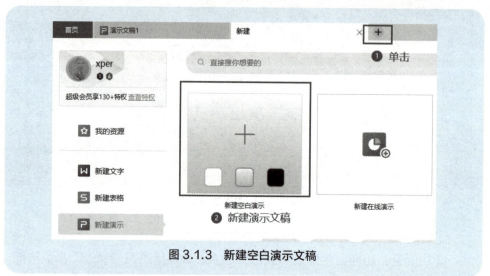

图 3.1.3　新建空白演示文稿

（2）保存演示文稿

在演示文稿制作过程中，中断工作或退出时必须保存好文件，否则文件将丢失。

①新演示文稿保存：进入 WPS 演示的工作界面，新创建的演示文稿名字默认为"演示文稿 1"，在快速访问工具栏中单击"保存"按钮，如图 3.1.4 所示。

图 3.1.4　保存演示文稿

②演示文稿另存为：如果要修改文档保存的名字或保存的位置，可以单击"文件"选项卡→"另存为"按钮，将会弹出"另存为"对话框，根据需要选择新的存储路径，输入新的文稿名称"竞聘演示文稿"，单击"保存"即可，如图 3.1.5 所示。

图 3.1.5　演示文稿另存为

此时返回演示文稿，演示文稿的名字已经变为"竞聘演示文稿 .ppt"，如图 3.1.6 所示。

图 3.1.6　保存好的演示文稿

3.1.3　编辑幻灯片

幻灯片的编辑是制作演示文稿的基础，制作一份竞聘演示文稿需要新建幻灯片、选择和删除幻灯片、复制和移动幻灯片、隐藏与显示幻灯片等。

（1）新建幻灯片

在打开的"竞聘演示文稿.ppt"中选择第一张幻灯片，单击"开始"选项卡中的"新建幻灯片"按钮，如图 3.1.7 所示。

新建幻灯片

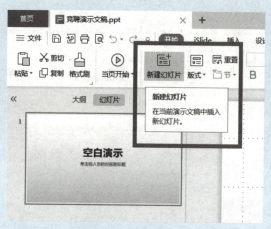

图 3.1.7　新建幻灯片

将光标移动到"幻灯片"窗格的任一幻灯片上，单击"+"按钮即可从图文模板中新建有格式的幻灯片，如图 3.1.8 所示。

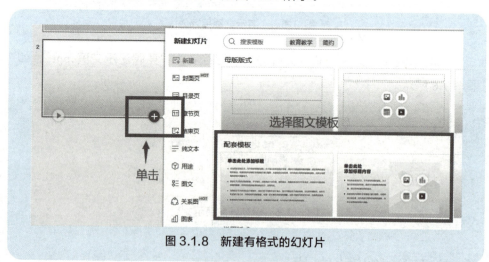

图 3.1.8　新建有格式的幻灯片

制作一份竞聘演示文稿，需要新建标题页和结束页各一张，目录页一张，以及包含岗位经历、工作成效、履职能力和工作规划的内容页至少四张。新建幻灯片内容如图 3.1.9 所示。

图 3.1.9　新建幻灯片内容

（2）选择和删除幻灯片

在新建幻灯片时，若有多余的幻灯片可将其删除。需要把文稿中的第一张和第二张空白幻灯片删除。在"幻灯片"窗格里选择第一张幻灯片，按住"Shift"键同时选择第二张幻灯片，在所选的任一幻灯片上单击鼠标右键，在弹出的快捷菜单中选择"删除幻灯片"命令，如图 3.1.10 所示。

图 3.1.10　删除幻灯片

（3）移动和复制幻灯片

在演示文稿的制作过程中，也可根据需要对各张幻灯片顺序进行调整。如果有需要新建的幻灯片内容样式和已做好的幻灯片类似，也可以复制已做好的幻灯片再对其进行编辑。

①移动幻灯片：如图 3.1.11 所示，在"幻灯片"窗格中选择第三张"感谢聆听"的幻灯片，将其移动到幻灯片结尾作为结束页。将鼠标移动到第三张幻灯片上，按住鼠标左键不放，将其拖动到第七张幻灯片后面。释放鼠标，即可将该幻灯片移动到末尾，并自动对该幻灯片进行编号。

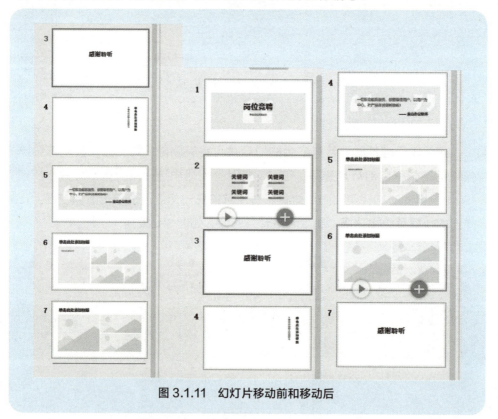

图 3.1.11　幻灯片移动前和移动后

②复制幻灯片：将鼠标移动到要复制的幻灯片上，单击鼠标右键，在下拉菜单中选择"复制幻灯片"选项即可。

（4）隐藏与显示幻灯片

①隐藏幻灯片：如果在播放幻灯片时，文稿内容过多或有暂不需要展示的内容，可以选择隐藏部分幻灯片以减少内容或缩短播放时长。

如图 3.1.12 所示，选择隐藏本次文稿中的目录页：在"幻灯片"窗格中单击第二张幻灯片，在"放映"选项卡中选择"隐藏幻灯片"命令，此时该幻灯片编号上有一根斜线，表示该幻灯片已被隐藏，在演示时播放了第一页后将跳过第二页直接播放第三页。

图 3.1.12　隐藏幻灯片

②显示幻灯片：被隐藏的幻灯片可重新显示。在"幻灯片"窗格中单击刚刚被隐藏的幻灯片，在"放映"选项卡中再次选择"隐藏幻灯片"命令，此时该幻灯片编号上的斜线去除，表示该幻灯片已重新显示。

3.1.4　幻灯片的版式

单击选项卡"开始"→"版式"，可以根据母版更改排版布局。选择相应的母版版式，就可以快速应用该母版的布局，如图 3.1.13 所示。

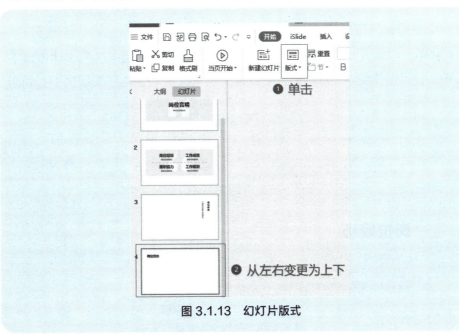

图 3.1.13　幻灯片版式

尝试将岗位经历页变更为一个图文结合的版式。

3.1.5　文本的输入与编辑

成功新建幻灯片后，需要在幻灯片中手动输入内容并进行编辑。下面以在"竞聘演示文稿.ppt"里输入文本内容并进行编辑为例。

（1）输入文本内容

单击选项卡"开始"→"版式"→"文本框"，在编辑窗口选中文本框，可按住鼠标左键拖动文本框，在文本框中输入岗位经历对应日期"2020年6月—2011年6月"，如图3.1.14所示。

图 3.1.14　输入文本

按照同样的方法，在日期下面新建文本框，输入对应的工作经历。

（2）编辑文本内容

选中已经输入文本的文本框，单击"文本工具"选项卡里的字体设置下拉按钮，弹出"字体"对话框，可设置文本框文字的字体样式和大小，如图3.1.15所示。

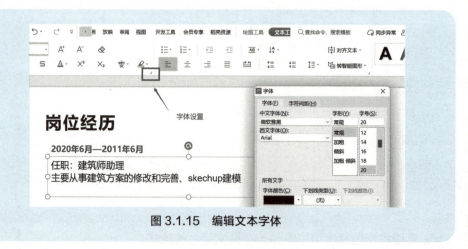

图 3.1.15　编辑文本字体

选择"开始"→"项目符号",选择合适的项目编号图标插入编号(图 3.1.16)。

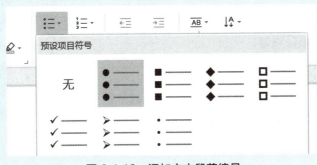

图 3.1.16　添加文本段落编号

选择"段落"选项卡右下角的下拉按钮,在"段落"窗口设置行距为 1.5 倍行距,如图 3.1.17 所示。

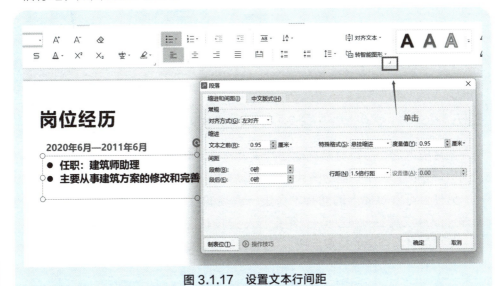

图 3.1.17　设置文本行间距

文本内容编辑后效果如图 3.1.18 所示。

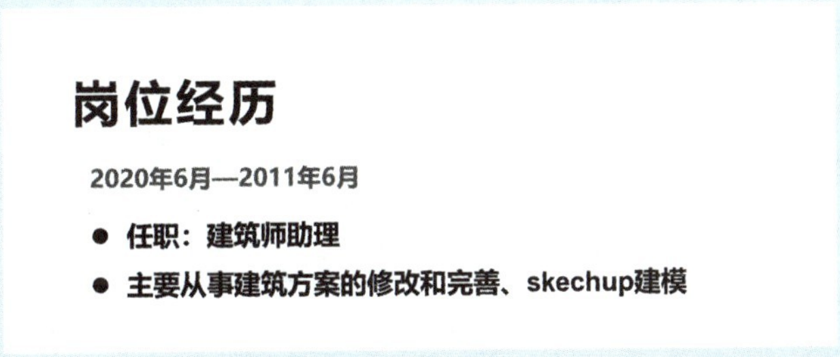

岗位经历

2020年6月—2011年6月

● 任职:建筑师助理
● 主要从事建筑方案的修改和完善、skechup建模

图 3.1.18　编辑后效果图

3.1.6　各种对象的插入和编辑

在做竞聘演示文稿时除了文字外还要添加图片来佐证工作经历，也可以选择插入音频和视频等。

（1）插入图片

单击"开始"→"插入"→"图片"，找到需要插入的图片，选中后单击"打开"即可，如图 3.1.19 所示。

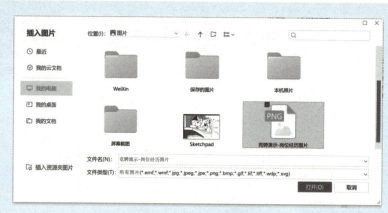

图 3.1.19　插入图片

图片插入后，可以直接拖动图片来调整图片位置，拖动图片四周的控制点可以调整图片大小，拖动图片上方的旋转按钮可以旋转图片。

另外，可以对插入的图片本身进行编辑调整，以裁剪为例，选中图片，单击"图片工具"→"裁剪"，用鼠标左键按住图片四周黑色控制点进行拖动，裁剪图片至合适的位置后按下"Enter"键，如图 3.1.20 所示。

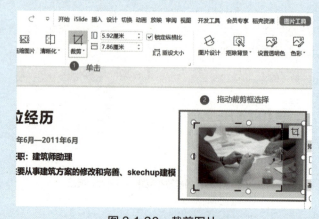

图 3.1.20　裁剪图片

（2）插入图形

插入图片后，为了调整排版，可以选择插入矩形以作为边框进行修饰。

单击"开始"→"插入"→"形状"，选择"矩形"按钮，选中后，在编辑界面拖动鼠标左键形成矩形。

3.1.7　视图

切换"视图"选项卡，左上方有四种模式：普通、幻灯片浏览、备注页、阅读视图，如图 3.1.21 所示。

图 3.1.21　视图栏

①普通视图：默认的视图，由当前浏览窗口和编辑区组成。

②幻灯片浏览视图：单击切换到此视图，可以对演示文稿中的所有幻灯片进行查看或重新排列。

③备注页视图：可以检查演示文稿和备注页一起打印时的效果，同时可以在此视图中对备注进行编辑。

④阅读视图：在窗口中播放幻灯片，可单击鼠标查看动画和切换效果，不需要切换到全屏放映界面。此视图模式与单击"幻灯片放映"中"从头开始"的作用几乎是一样的。在播放幻灯片的过程中，可按下键盘上的"Esc"键退出。

💬 任务实施

①新建并保存空白演示文稿：

打开 WPS 演示软件，单击"新建"按钮新建演示文稿。新建演示文稿后，设置保存信息，在"文件名"处输入"竞聘演示文稿"。

②按照演示内容新建幻灯片并设置基本版式：

按照竞聘方案的提纲，因岗位经历内容较多，可设置两页幻灯片，故共新建八张幻灯片，其中包含标题页和结束页各一张，目录页一张以及具体竞聘内容页五张，选择合适的图文版式，如图 3.1.22 所示。

图 3.1.22　新建八张幻灯片

③输入竞聘内容并调整格式：

选择幻灯片中的文本框，单击"开始"选项卡→"版式"→"文本框"，按住鼠标左键在编辑窗口内拖动文本框至合适位置，在文本框中输入岗位经历及日期。选中文本框并调整文本格式，如图 3.1.23 所示。

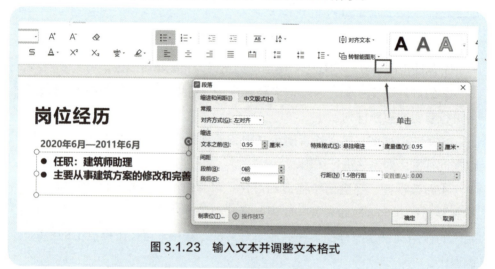

图 3.1.23　输入文本并调整文本格式

④插入项目介绍图片并拖放到合适位置：

选择插入的图片，利用图片工具将插入的图片裁剪到合适的大小，并用鼠标拖动图片将其移动到对应文本框右侧，如图 3.1.24 所示。

图 3.1.24　插入并移动图片

⑤保存幻灯片后，切换到放映视图预览，确认顺序无误后放映，如图 3.1.25 所示。

图 3.1.25　放映幻灯片

任务拓展　制作寝室文化展示演示文稿

寝室文化展示演示文稿的制作效果如图 3.1.26 所示。

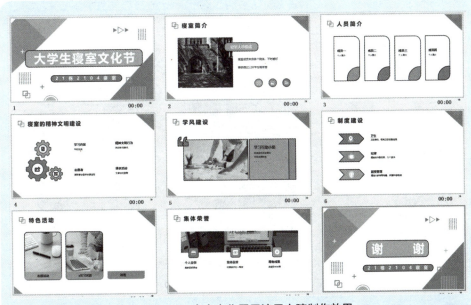

图 3.1.26　寝室文化展示演示文稿制作效果

打开素材文件夹中的"大学生寝室文化展示.ppt"，按如下要求对其进行设置。

①页面要求：幻灯片尺寸设置为 16：9。

②字体和字号：字体采用微软雅黑，大标题 34 号、加粗，小标题 24 号、

加粗，描述性文字为 18 号字体。

　　③幻灯片的编辑：删除演示文稿中重复的幻灯片。将其中三张幻灯片的版式设置为图文结合。

　　④文本的输入和编辑：在幻灯片中输入自己寝室的人员信息和建设情况，并调整行间距为 1 倍行距。

　　⑤对象的插入和编辑：在人员简介页面插入对应的人员照片，并调整照片大小，使其正好能放在人员介绍框的右下角。

任务 3.2　制作美食宣传演示文稿

💬 任务描述

　　本任务通过制作一份美食宣传演示文稿，来学习演示文稿模板、母版、幻灯片背景、幻灯片大小、幻灯片切换、自定义动画、幻灯片放映、输出为 PDF、输出为视频、打印演示文稿等功能与操作，让学生学会使用演示文稿设计出美观大方的作品。演示文稿制作效果如图 3.2.1 所示。

图 3.2.1　美食宣传演示文稿制作效果

💬 任务分析

　　制作一个生动的演示文稿，首先要选择一个适合主题的模板，然后对其进行设计。本任务以介绍火辣的重庆美食为主题，所以选择了与火锅相关的模板；在制作母版时，为了提高效率和统一风格，展现作品的整体效果，在每一张幻灯片上展现似火的吉祥云，紧扣红火主题，让整个作品在视觉上更统一协调；第二张幻灯片使用了主题同类色背景，让作品的色彩更加丰富；幻灯片使用了宽屏效果，改善了窄屏画面拥挤的缺点，有助于提升视觉感，提高信息传递的有效性；最后，设置幻灯片切换效果和自定义动画效果，让整个作品放映起来更加生动。

💬 知识准备

3.2.1　演示文稿模板

模板，是指在新建相似格式的幻灯片时，利用预设的格式，减少重复操作，加快文稿的编辑过程。使用模板是一种常见美化幻灯片的操作，选择合适的模板可以快速制作出美观精致的幻灯片。单击"设计"选项，即可看到演示文稿模板的选择窗口，如图 3.2.2 所示。

图 3.2.2　打开演示文稿模板选择窗口

点开"更多设计"，在"搜索"中可以搜索更多类型的模板，如图 3.2.3 所示。

图 3.2.3　搜索符合主题的模板

3.2.2 母版

一般情况下，同一演示文稿中各个幻灯片应该有着一致的样式和风格，幻灯片母版则可以实现将出现在每张幻灯片相同位置上相同的字体和图像，在一个位置上就可以进行统一地更改。使用母版可以方便地统一幻灯片的风格。

为了方便对演示文稿的样式进行设置和修改，PPT 将所有的幻灯片共用的底色、背景图案、文字大小、项目符号等样式放置在母版中。这样，只需更改母版的样式设计，所有幻灯片的样式都会随之改变，为修改幻灯片的样式带来了极大的方便。PPT 提供的母版分为三种：幻灯片母版、讲义母版、备注母版。

①幻灯片母版：修改幻灯片母版的样式，所有应用该样式的幻灯片均会随之改变。幻灯片母版构成如图 3.2.4 所示。

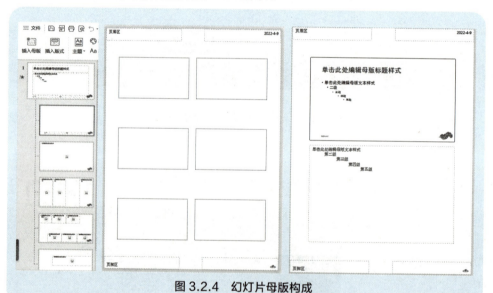

图 3.2.4　幻灯片母版构成

②讲义母版：在讲义母版上所做的修改，会影响打印出来的讲义效果，如页眉、页脚等，可在幻灯片之外的空白区域添加文字或图形，使打印出来的讲义每页形式都相同，讲义母版上的内容只在打印时显示，不会在放映时显示，不影响幻灯片的内容。

③备注母版：在备注母版上所做的修改，会影响打印出来的备注页效果。在"视图"中选择"幻灯片母版""讲义母版"或"备注母版"即可打开相应的母版视图，在这些视图中可以对其母版进行修改，如图 3.2.5 所示。

图 3.2.5　选择母版

3.2.3　幻灯片背景

　　为幻灯片添加适合的背景，既可以美化幻灯片，又对突出显示其他的信息和内容起到衬托的作用。WPS 2019 演示提供了几十种背景填充效果，将其进行不同的搭配，可产生风格各异的背景效果。同一演示文稿中，既可使用相同背景设置，也可使用多种不同背景设置来美化幻灯片。

　　选中某张幻灯片，单击"设计"→"背景"，打开"背景"对话框，在对话框中可选择纯色填充、渐变填充、图片或纹理填充和图案填充各种预设样式，选择预设效果后便应用到所选择的幻灯片背景，单击"全部应用"便应用于整个演示文稿，如图 3.2.6 所示。

图 3.2.6　设置幻灯片背景

3.2.4　幻灯片大小

　　在 WPS 演示中，幻灯片大小默认有 2 种格式：标准（4∶3）和宽屏（16∶9）。用户也可以在"页面设置"对话框中自定义自己所喜欢的尺寸，如图 3.2.7 和图 3.2.8 所示。

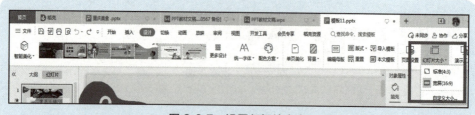

图 3.2.7　设置幻灯片大小

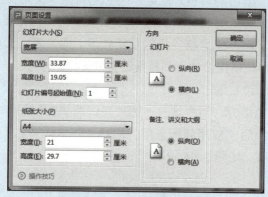

图 3.2.8　"页面设置"对话框

3.2.5　幻灯片切换

在 WPS 演示中，可以设置演示文稿中两张幻灯片之间的切换动画，也就是幻灯片的切换效果。首先选中要设置切换效果的幻灯片，单击"切换"选项卡，即可选择所需要的切换效果；再根据需要选择"效果选项"选项卡，对效果进行修改；还可以对切换的声音、切换动画持续时间及换片方式进行设置；这些切换设置默认应用到该幻灯片，也可以单击"全部应用"按钮应用到演示文稿的所有幻灯片，如图 3.2.9 所示。

图 3.2.9　幻灯片切换

3.2.6　自定义动画

WPS 演示提供的各类动画效果放在"动画"选项卡中，通过该选项卡，可以方便快捷地对幻灯片中的对象添加各类动画效果。动画效果主要分为 3

类：进入式、强调式和退出式。

（1）添加单个动画效果

如果要给演示文稿中的对象添加动画效果，首先选中对象，然后切换到"动画"选项卡，在"动画组"中单击列表框中的下拉菜单，在弹出的下拉菜单中可看到系统提供的多种动画效果，此时选择所需要的动画效果即可，如图 3.2.10 和图 3.2.11 所示。

图 3.2.10　幻灯片动画选项卡

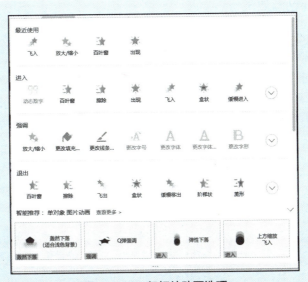

图 3.2.11　幻灯片动画选项

（2）为同一个对象添加多个动画效果

为了使幻灯片的效果更加丰富，可对同一个对象添加多个动画效果。

选择要添加动画效果的对象，切换到"动画组"中单击列表汇总的下拉按钮，在弹出的下拉列表中选择需要的动画效果即可添加一个动画效果，然后打开"动画窗格"，单击"添加效果"，如图 3.2.12 所示。选择第二个或多个自定义动画效果，一般在进入式动画后添加强调式、动作路径式动画，最后添加退出式动画。为选中对象添加多个动画效果后，该对象的左侧会出现编号，该编号是根据添加效果的顺序自动添加的。

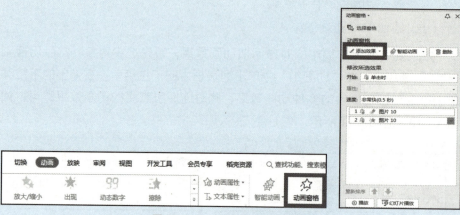

图 3.2.12　添加多个动画效果

（3）选择动画效果

选择动画效果有两种方式：

▶在"动画窗格"中添加多个动画效果后，会自动出现编号，单击某个编号便可选中对应的动画效果。

▶在幻灯片中选中添加了动画效果的某个对象，此时"动画窗格"中会以红色边框突出显示该对象的动画效果，单击即可选中该对象对应的动画效果，如图 3.2.13 所示。

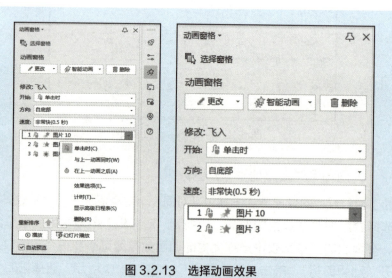

图 3.2.13　选择动画效果

（4）编辑动画效果

添加动画效果后，还可以对这些效果进行相应的操作：调整和更改动画效果、删除动画效果和调整动画效果播放顺序。

1）调整和更改动画效果

在"动画窗格"对话框中选中某一项设置的动画时，动画右边有一个向下的箭头，单击后能展开一个菜单。菜单中"单击时""与上一动画同时""在下一动画之后"的设置，均会影响该动画播放时的开始条件。单击"效果选项"，会弹出"效果"选项卡和"计时"选项卡，能对该动画的效果进行调整，如图 3.2.14 所示。

图 3.2.14　调整动画效果

如果对某个对象的动画效果不满意，可以更改其动画效果。打开"动画窗格"对话框，选中已经设置好的动画效果，然后在"更改"列表中重新选择其他动画效果即可更改，如图 3.2.15 所示。

图 3.2.15　更改动画效果

2）调整动画效果播放顺序

除了未设动画的对象在放映开始时出现在屏幕上外，每张幻灯片中的动画效果都是按添加动画时的顺序依次播放的。调整动画播放顺序有 2 种方式（图3.2.16）：

▶在"动画窗格"对话框中选中要调整顺序的动画效果，单击向上箭头可实现动画效果上移，单击向下箭头可实现动画效果下移。

▶在"动画窗格"中播放顺序是自上到下的时间轴关系，可以用鼠标拖动各个对象的动画效果来排列其播放顺序。

图 3.2.16　调整动画播出顺序

3）删除动画效果

对于不再需要的动画效果，有以下 3 种方法进行删除（图 3.2.17）：

图 3.2.17　删除动画效果

▶ 在"动画窗格"中选中要删除的动画效果，单击右侧的下拉按钮，选中"删除"选项即可。

▶ 单击"动画窗格"上方的删除按钮即可删除。

▶ 直接按下"Delete"键也可删除。

3.2.7　幻灯片放映

WPS 演示提供了演示文稿的多种放映方式，在演示幻灯片时用户可以根据不同的情况选择合适的演示方式，并对演示过程进行控制。

（1）调整幻灯片放映顺序或删除幻灯片

单击"视图"选项卡中的"幻灯片浏览"按钮，或者单击状态栏右侧的"幻灯片浏览"按钮，即可切换到幻灯片浏览视图。用户可以利用"视图"选项卡中的"显示比例"按钮，或者拖动窗口状态栏右侧的显示比例调节工具条，控制幻灯片显示大小，以调整窗口中显示幻灯片的数量，如图 3.2.18 所示。

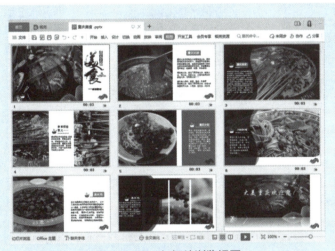

图 3.2.18　幻灯片浏览视图

在该视图中，要更改幻灯片的显示顺序，可以利用鼠标直接把幻灯片从原来的位置拖动到另一个位置。若要删除幻灯片，单击该幻灯片并按"Delete"键即可，或者右键单击该幻灯片，再从弹出的快捷菜单中选中"删除幻灯片"命令。

（2）隐藏幻灯片

如果放映幻灯片的时间有限，有些幻灯片将不能逐一演示，用户可以利用隐藏幻灯片的方法，将某几张幻灯片隐藏起来，而不必将这些幻灯片删除。如果要重新显示这些幻灯片，只需取消隐藏即可。

步骤 1：切换到幻灯片浏览视图中。

步骤 2：选中要隐藏的幻灯片，右键单击，在弹出的快捷菜单中选择"隐藏幻灯片"命令，如图 3.2.19 所示。被隐藏的幻灯片左下角的编号上会出现一个斜线方框。如果要显示被隐藏的幻灯片，从弹出的快捷菜单中再次选择"隐藏幻灯片"命令即可。

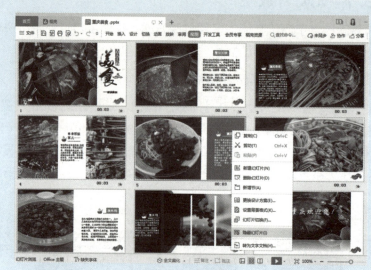

图 3.2.19　幻灯片浏览视图中"隐藏幻灯片"快捷菜单按钮

（3）设置放映方式

在放映幻灯片前，通常还需要对放映方式进行相关设置。切换到"放映"选项卡，单击"放映设置"按钮，打开"设置放映方式"对话框，在其中可以对放映方式进行相关设置，如图 3.2.20 所示。

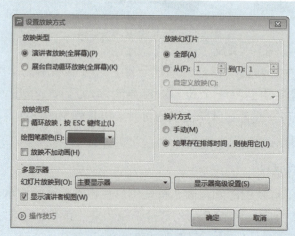

图 3.2.20　设置幻灯片放映方式

用户可以按照在不同场合运行演示文稿的需要，选择不同的方式放映幻灯片。

①演讲者放映（全屏幕）：该方式为常规放映方式，适用于演讲者亲自播放演示文稿。对于这种方式，演讲者具有完全的控制权，可以自行切换幻灯片或暂停放映。

②展台自动循环放映（全屏幕）：该方式是一种自动运行的全屏放映方式，放映结束后将自动重新放映。观众不能自行切换幻灯片，但可以单击超链接或动作按钮。

（4）启动幻灯片放映

在 WPS 演示程序中打开演示文稿，启动幻灯片放映的操作方法有 3 种：

▶单击屏幕右下方"视图组"中的"从当前幻灯片开始放映"按钮，即可全屏幕放映幻灯片。单击鼠标或滑动滚轮，则可以切换幻灯片。

▶单击"放映"选项卡上的"从头开始"或"当页开始"按钮。

▶按下键盘上的"F5"快捷键即可开始放映。

提示：所有的动画、视频、声音等效果，必须在"幻灯片放映"视图下才能呈现。

（5）控制幻灯片的放映过程

采用"演讲者放映（全屏幕）"方式放映演示文稿时，可以利用快捷菜单控制幻灯片放映的各个环节。在放映的过程中，右键单击屏幕的任意位置，利用弹出的快捷菜单中的命令，控制幻灯片的放映，如图 3.2.21 所示。

图 3.2.21　放映幻灯片时右键快捷菜单

"下一页"命令可以切换到下一页幻灯片，"上一页"命令可以返回到上一页幻灯片；"定位"可以在其下拉菜单中选择本演示文稿的任意一页想要展示的幻灯片；如果要提前结束放映，则从快捷菜单中选择"结束放映"命令，或直接按键盘上的"Esc"键。

在幻灯片放映时，单击鼠标右键弹出的快捷菜单中有一个"墨迹画笔"命令，下拉菜单中默认的墨迹画笔是箭头，可以选择的有"圆珠笔""水彩笔""荧光笔""绘制形状""墨迹颜色"和"箭头选项"等。如图3.2.22所示。当用户用"圆珠笔""水彩笔""荧光笔"或"绘制形状"在放映的演示文稿中进行了标注后，"橡皮擦"和"擦除幻灯片上的所有墨迹"选项将变为可选选项。

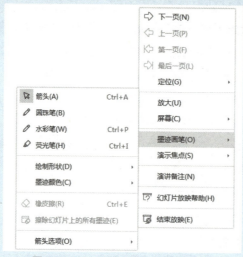

图 3.2.22　调整墨迹画笔选项菜单

（6）设置放映时间

用户可通过2种方法设置幻灯片在屏幕上显示时间的长短：一是人工为每张幻灯片设置时间，再运行幻灯片放映来查看设置的时间是否合适；二是使用排练功能，在排练时自动记录时间。

①人工设置放映时间：先选定要设置放映时间的幻灯片，单击"切换"选项卡，选中"设置自动换片时间"复选框，然后在右侧文本框中输入希望幻灯片换片的秒数。如果单击"全部应用"按钮，则该演示文稿所有的幻灯片的换片时间间隔都被设置，否则该换片时间将只会对选中的该幻灯片起作用。不选中换片方式中"单击鼠标时换片"复选框，幻灯片在放映时单击鼠标左键将不会切换幻灯片。

②使用排练计时：演讲者很清楚彩排的重要性，在每次发表演讲之前都要进行多次的演练。演示时可以在排练幻灯片放映的过程中自动记录幻灯片之间切换的时间间隔。首先打开要使用排练计时的演示文稿，切换到功能区

中的"放映"选项卡，单击"排练计时"按钮，系统将切换到幻灯片放映视图，如图 3.2.23 所示。

图 3.2.23　"排练计时"按钮

　　在放映过程中，屏幕上会出现如图 3.2.24 所示的"预演"工具栏。当播放下一张幻灯片时，在"幻灯片放映时间"框中开始记录新幻灯片的时间。前一个时间是本张幻灯片放映的时间，后一个时间是该演示文稿目前共放映了多少时间。

图 3.2.24　"预演"工具栏

　　排练放映结束后，会出现如图 3.2.25 所示的对话框显示幻灯片放映共需的时间，如果单击"是"按钮，则接受每张幻灯片排练时间，该放映时间将保存在该演示文稿中；如果单击"否"按钮，则放弃保存本次排练时间记录。如果保存了排练时间，在下一次放映幻灯片时，默认设置下，演示文稿会在排练时的每一次换片时间点自动换片。

图 3.2.25　"是否保留幻灯片排练时间"对话框

3.2.8　输出为PDF

输出为 PDF

PDF 格式已成为网络文件共享及传输的一种通用格式，WPS 演示提供了 PDF 文件的输出功能。输出为 PDF 的操作步骤如下：

步骤 1：打开要输出为 PDF 的演示文稿。

步骤 2：单击"文件"→"输出为 PDF"，弹出"输出为 PDF"对话框。

步骤 3：选择输出为 PDF 文档的范围。用户可以选择输出全部幻灯片，也可以选择输出部分幻灯片。

步骤 4：在"输出选项"中单击"设置"按钮，进行更多详细地输出设置，也可对输出权限进行设置。

步骤 5：选择保存位置。

单击"开始输出"按钮，完成 PDF 输出。

3.2.9　输出为视频

打开要输出为视频的演示文稿，单击"文件"→"另存为"→"输出为视频"，若第一次使用这个功能，则会弹出"下载与安装 WebM 视频解码器插件（扩展）"对话框，单击"下载并安装"，安装完成后则可将演示文稿输出为 webm 格式的视频文件，如图 3.2.26 所示。

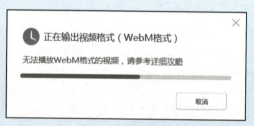

图 3.2.26　"正在输出视频格式"对话框

3.2.10　打印演示文稿

演示文稿可以以多种形式打印，其操作步骤如下：

步骤 1：打开要打印的演示文稿。

步骤 2：单击"文件"→"打印"，弹出"打印"对话框。

步骤 3：在"打印机"名称下拉列表中选定与计算机相配的打印机。

步骤 4：在"打印范围"中可选择"全部"，则打印全部幻灯片；选择"当前"则打印当前选定的一张幻灯片；选择"幻灯片"，并在右侧的框中输入要打印的幻灯片编号，则打印输入编号的几张幻灯片。

在"打印内容"下拉列表中默认选择为"幻灯片"，也可根据需要选择"讲义""备注页"或者"大纲"。通常情况下，选"讲义"比较节约纸张，每页纸张可以打印 1、2、3、4、6、9 张不等的幻灯片；选择"备注页"则在每页纸张中打印出幻灯片和该张幻灯片中录入的备注页内容；选择"大纲"则打印出在大纲视图中看到的内容，即对整个演示文稿的概览。

在进行了打印设置之后，可以单击下方的"预览"按钮查看打印设置后的实际打印效果，通过单击"上一页""下一页"查看。

确定打印内容后，在份数框中输入打印份数，单击"打印"按钮开始打印，如图 3.2.27 所示。

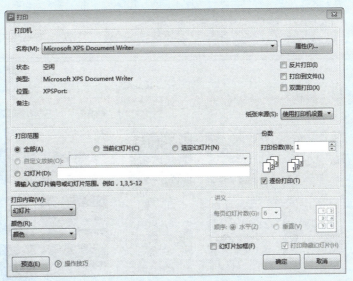

图 3.2.27　幻灯片打印

💬 任务要求

打开素材文件"重庆美食 .pptx"，按如下要求进行编辑。

①选择模板：在演示文稿模板中，选择适合美食的模板，作为该演示文稿的主题模板。

②制作母版：选择一个适合的图案（如吉祥云），使演示文稿的风格更加统一。

③设置幻灯片背景：在第二张幻灯片中设置图案填充 25%。

④设置幻灯片大小：宽屏（16∶9）。

⑤设置幻灯片切换效果：第一张切换"线条"，第八张切换"擦除"，第九张切换"分割"。

⑥自定义动画效果。

⑦以演讲者放映的方式从头到尾放映幻灯片，浏览放映效果。

⑧将演示文稿输出为PDF。

💬 任务实施

①添加演示文稿模板。

打开素材模板"重庆美食.pptx"，或者在"设计"→"更多设计"中搜索"美食"，选中需要的主题模板作为该演示文稿的模板，如图3.2.28所示。

图3.2.28　选择模板

②制作母版。

打开"视图"选项卡，单击"幻灯片母版"，在母版上插入"吉祥云"图片，此刻所有的幻灯片上均插入了"吉祥云"图片，如图3.2.29—图3.2.31所示。

③设置幻灯片背景。

选中第二张幻灯片，单击"设计"下方的"背景"按钮，打开"对象属性"对话框，选择"图案填充25%"，如图3.2.32—图3.2.34所示。

图 3.2.29 设置母版前

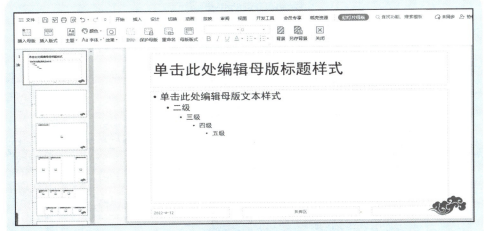

图 3.2.30 设置母版

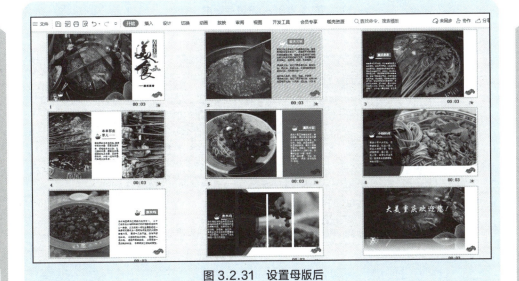

图 3.2.31 设置母版后

图 3.2.32　对象属性对话框

图 3.2.33　设置背景前

图 3.2.34　设置背景后

④设置幻灯片大小。

单击"设计"→"幻灯片大小",选择宽屏(16：9)即可,如图 3.2.35 所示。

图 3.2.35 幻灯片大小选择

⑤幻灯片切换。

选中第一张幻灯片,单击"切换"选项卡,选择要切换的效果"线条",如图 3.2.36 所示;选中第六张幻灯片,单击"切换"选项卡,选择要切换的效果"擦除";选中第八张幻灯片,单击"切换"选项卡,选择要切换的效果"溶解";选中第九张幻灯片,单击"切换"选项卡,选择切换效果为"分割"。

图 3.2.36 幻灯片切换效果

⑥自定义动画。

自定义动画如图 3.2.37 所示。选中第一张幻灯片中的"火锅"图片,单击"动画"选项卡,选择"轮子"动画效果,动画属性为"轮辐图案 1",选中右边的"舌尖上美食"图片,选择"飞入"效果,动画属性为"自顶部";选中第四张左边图片,动画效果为"飞入",动画属性为"自右侧";选中第五张右边图片,动画效果为"扇形展开"。

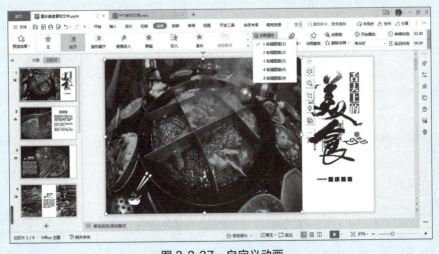

图 3.2.37 自定义动画

⑦幻灯片放映。

单击"放映"→从头开始。

⑧输出为 PDF。

单击"文件"→输出为 PDF。

任务拓展 制作集团公司简介

公司简介效果如图 3.2.28 所示。

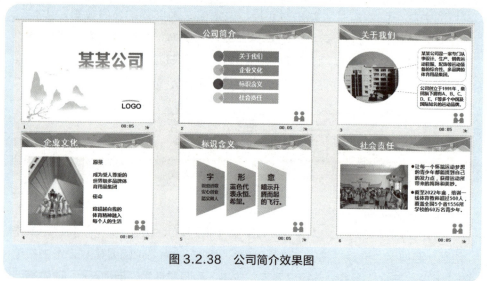

图 3.2.38　公司简介效果图

①主幻灯片母版。

主幻灯片母版效果如图 3.2.39 所示。

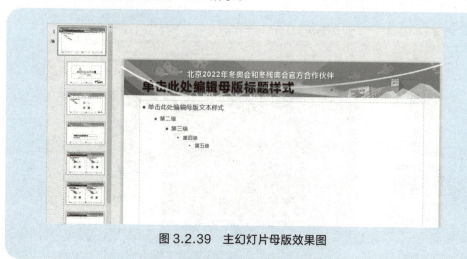

图 3.2.39　主幻灯片母版效果图

在主幻灯片母版中插入素材文件夹中的"背景.jpg""线条 1.png""线条 2.png",适当调整图片大小,参照图 3.2.29 中主幻灯片母版效果图将图片分别摆放在合适的位置,并将"背景.jpg"图片置于底层。

② "标题"子幻灯片母版。

"标题"子幻灯片母版效果如图 3.2.40 所示。

图 3.2.40 "标题"子幻灯片母版效果图

▶设置背景格式填充为"隐藏背景图形"。

▶插入素材文件夹中的"冉冉升起水墨图.png"和"LOGO.png",适当调整大小,按照图 3.2.40 效果图将图片摆放在合适的位置。

③ "标题和内容"子幻灯片母版。

"标题和内容"子幻灯片母版效果如图 3.2.41 所示。

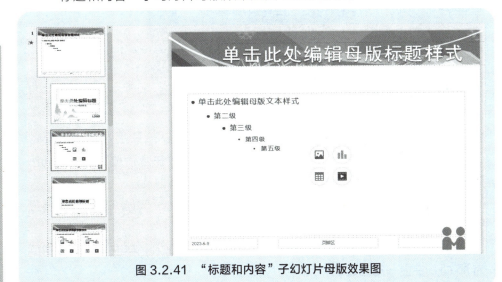

图 3.2.41 "标题和内容"子幻灯片母版效果图

▶插入素材文件夹中的"合作伙伴 .png"，将图片设置超链接，与公司官网关联。

▶改变标题样式占位符的位置到背景线条的上方，参照"标题和内容"子幻灯片母版效果图。设置标题样式为"黑体，44 号，加粗"，标题文本效果为"阴影，外部，向下偏移"。

④主幻灯片母版中对象的动画。

▶"线条 1.png"的动画：设置动画效果为擦除，自顶部，持续时间为 00.50，与上一动画同时。

▶"线条 2.png"的动画：使用动画刷将"线条 1.png"的动画复制给"线条 2.png"。

⑤"标题"子幻灯片母版中对象的动画。

"LOGO"对象的动画：设置动画效果为八角星，持续时间 02.00，与上一动画同时。

⑥公司简介幻灯片中设置手指滑动效果动画。

某某公司简介幻灯片如图 3.2.42 所示。

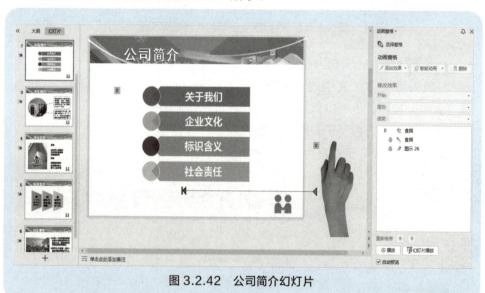

图 3.2.42　公司简介幻灯片

▶插入图片素材文件夹中的"手指 .png"，将其放在合适位置，设置动画效果为：路径直线，持续时间为 01:00，与上一动画同时。

▶为"手指 .png"添加第二动画，设置动画效果为：飞出，到底部，持续时间为 00.50，在上一动画之后。

▶为公司简介内容设置动画，设置动画效果为：飞入，自左侧，持续时间为 00.60，在上一动画之后，声音为风铃。

⑦幻灯片切换动画。

设置幻灯片切换动画为梳理，速度 03.00，自动换片，自动换片时间为 00∶07，应用到所有幻灯片。设置某某公司标识含义幻灯片切换动画为飞机，速度为 02.00，自动换片，换片时间为 00∶05。

⑧将制作好的演示文稿输出为名为"某某公司 .webm"的视频文件。

项目考核

请用 WPS 演示制作主题为"美丽的大学校园"的宣传稿（至少 3 张幻灯片）。要求如下：

①标题用艺术字，其他文字内容、模板、背景等格式自定。

②在母版中添加一行文本，文本的内容为"我的大学校园"，并设置超链接，超链接的网址为你所在大学的官方网址。

③绘图、插入图片（或剪贴画）等对象。

④各对象的动画效果自定，延时 1 秒自动出现。

⑤幻灯片切换时自动播放，样式自定。

项目 4 信息检索

项目概要

　　随着社会政治经济的飞速发展，尤其是互联网技术的应用与发展，信息的增长与传播速度达到了前所未有的高度，及时有效地获取并利用必要的知识和信息是当今社会激烈竞争中制胜的关键。如何检索和利用信息资源是一门学问，是现代社会才人的必备素质，也是人才竞争优势的重要体现。信息检索作为人类获得信息的主要手段与技术，在人类的知识传播和科学研究中具有承上启下的作用，是人类知识组织的超链接。正因为如此，信息检索的作用也更为凸显。

项目任务

　　📄 任务 4.1　使用搜索引擎检索"中国精神"
　　📄 任务 4.2　使用专用平台查询专业技术论文

学习目标

　　📄 提高信息意识
　　📄 培养信息获取的能力，掌握信息检索的基本方法
　　📄 熟练掌握信息检索的基本工具的使用方法和技巧
　　📄 培养利用信息解决问题的能力

任务 4.1 使用搜索引擎检索"中国精神"

任务描述

中国精神的丰富
内涵

本任务通过使用搜索引擎检索"中国精神"（如图 4.1.1 中的"工匠精神""长征精神"等），来学习信息检索的相关知识，了解常用搜索引擎并能正确使用。熟悉综合性搜索引擎、专业性搜索引擎的特点并能根据需要灵活运用。

图 4.1.1 搜索"中国精神"相关内容（摘自"中国网"）

任务分析

要完成搜索"中国精神"相关的新闻、图片、视频等不同类型的素材，需要运用相关的检索工具，利用综合性搜索引擎、专业性搜索引擎等进行检索。

知识准备

4.1.1 信息检索概述

（1）信息相关概念

1）信息

信息在无处不在，无时不有，我们每天都在与信息接触，那么什么是信息呢？随着时代的变迁，信息也有了不同的含义。人类从不同的研究领域出发，提出了多种不同的定义。综合后关于信息的概念如下：

▶信息是自然界、人类社会以及思维活动中普遍存在的现象，是一切事物自身存在方式以及它们之间相互关系、相互作用等运动状态的表达。

▶信息是事物及其属性标识的集合。信息是确定性的增加，即肯定性的确认。

▶信息是对客观事物的反映。从本质上看，信息是对社会、自然界的事物特征、现象、本质及规律的描述。

▶一切消息、知识、数据、文字、程序和情报等都是信息。

2）知识

知识来源于实践，是人类通过信息对自然界、人类社会以及思维方式与运动规律的认识和掌握，是人脑通过思维重新组合的系统化的信息集合。知识来源于信息，但不等于信息，是对信息进行重新整合后的产物。

3）文献

文献是记录有知识的一切载体，可以是文字、图形、符号、音频、视频等。《文献情报术语国际标准（草案）》（ISO/DIS 5127）提到："为了把人类知识传播开来和继承下去，人们用文字、图形、符号、声频、视频等手段将其记录下来，或写在纸上，或晒在蓝图上，或摄制在感光片上，或录到唱片上，或存储在磁盘上。这种附着在各种载体上的记录统称为文献。"

4）情报

▶情报是指为他人提供的有用的知识或信息。

▶情报是为了解决一个特定的问题所需要的激活了、活化了的特殊知识或信息。

▶情报应具有 3 个基本属性：一是知识或信息；二是要经过传递；三是要经过用户使用产生效益。

5）资讯

资讯是海外学者对 Information 的译名，与信息有相同的含义。

（2）信息检索概念

信息检索一词最早来源于英语"Information Retrieval"，意思是将信息按一定的方式组织和存储起来，形成各种"信息库"，并根据需要，按照一定的程序，从"信息库"中找出符合用户需要的信息的过程。狭义的信息检索仅指信息查询，即用户根据需要，采用一定的方法，借助检索工具，从信息集合中找出所需要信息的查找过程。广义的信息检索是将信息按一定的方式进行加工、整理、组织并存储起来，再根据信息用户特定的需要将相关信息准确地查找出来的过程。一般情况下，信息检索指的就是广义的信息检索。广义的信息检索包括信息的存储与检索两个过程，如图 4.1.2 所示。

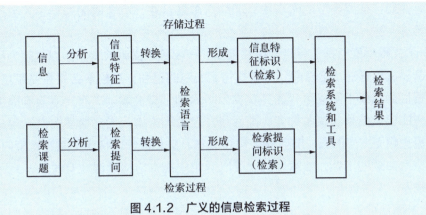

图 4.1.2　广义的信息检索过程

（3）信息检索的类型

信息检索的分类方式有多种，现以检索手段和检索对象两种分类方式进行阐述。

①按检索手段不同分为手工信息检索和计算机信息检索。

▶手工信息检索即传统信息检索，简称"手检"。是指利用各种印刷型检索工具来查找文献的一种方法，包括直接提供文献或数据的各类工具书以及能够提供文献线索的书目、题录、索引、文摘等。此方法优点是比较直观、便于阅读、检准率高，但漏检严重、检索速度慢。

▶计算机信息检索即现代信息检索，简称"机检"。是指利用计算机、通信设备、数据库及其他辅助设备来处理和查找文献信息的检索方式。与手检相比，检索效率高、速度快、范围广、查全率高，但检索费用高、查准率低。现代信息检索因扩宽了检索领域，大大提高了传统信息检索的效率，从而将逐步取代传统信息检索，成为信息检索的主要方式。

②按检索对象的不同分为数据检索、事实检索、文献检索、图像检索和多媒体检索。

▶数据检索：以事实和数据等浓缩信息作为检索对象，检索结果是用户直接可以利用的东西。这里所谓的数据，不仅包括数值形式的实验数据与工业技术数据，而且包括非数值形式的数据，如概念名词、人名地名、化学结构式、工业产品设备名称和规格等。此类数据库（检索工具）包括《中国企业、公司及产品数据库》《中国科技名人数据库》《中国宏观经济统计分析数据库》等。

▶事实检索：以特定事实为检索内容的信息检索，检索的过程比较复杂，检索者利用辞典、百科全书、年鉴、名录等参考工具书或事实型数据库查找有关原始数据、事实或文献，进行分析比较才能把得到的"事实"提供给用户。例如：在同类型的汽车中，哪种汽车最省油；本学期优秀学生人数是多少等。

▶文献检索：是信息检索中最重要的一部分。文献检索是指以文献为检索对象，从已有的"信息库"中查找特定文献的过程，其检索结果是文献资料。根据检索结果不同又可分为二次文献检索和全文检索。二次文献检索提供给用户的检索结果是文献线索，即目录、题录和文摘。全文检索提供给用户的是原文或原文中的章、节、段、句等文本。文献检索以特定文献为检索内容，以原始文献的出处为检索目的，可以向用户提供与检索课题有关的一系列文献线索。

▶图像检索：以特定的图形、图像或图文信息为检索内容。检索者要从众多图像集合中检索与待查图像相似的图像作为检索结果。

▶多媒体检索：检索内容是特定的文字、图像、声音等多媒体信息。

（4）信息检索的基本步骤

文献的检索分以下三个阶段进行：

①分析阶段。

▶检索目的：明确所需信息的用途，是为了申报课题、学术论文、成果查新还是其他。

▶主题概念：在明确检索目的的基础上，确定信息需求的所属学科专业，提取主题概念。

▶信息类型：确定所需信息的形式要求和内容要求。

▶时间范围：确定所需信息的时间范围及新颖性要求。

▶语种范围：确定该信息需求有无语种要求。

▶其他要求：对查新、查准、查全和检索费用等其它指标要求。

②准备阶段。确定检索步骤、程序和要求，由近及远地选择检索工具，确定检索标志。

③检索阶段。使用检索工具加工检索结果，对检索结果进行检查和评价。

4.1.2　网络检索工具

（1）信息检索工具

检索工具就是用来报道、存储和查找文献的工具，将各种原始文献经过整理分析，加工成文摘、目录、索引等第二次文献，提供检索途径，并加以报道。

信息检索工具的种类繁多，按不同的标准或方式进行划分，可分为如表4.1.1 所示的多种类型。

表 4.1.1　信息检索工具分类表

分类方式	类　型	说　明
按检索手段	手工检索工具	人工直接进行查找的检索工具。
	网络检索工具	借助计算机检索文献。
按出版形式	印刷型	卡片型：将情报记录在卡片上，然后按照一定的规则进行编排的检索工具。 书刊型：包括期刊式、单卷式和附录型。
	缩微型	缩微胶卷、胶片等。
	电子型	联机数据库型、软盘型、光盘型。
按检索工具分类方法	综合性	多学科的检索工具。
	专业性	某一门学科的检索工具。
	特色性	某一学科领域的检索工具。
按著录形式	目录型	如馆藏目录、国家书目、出版社与书店目录等。
	索引型	分类索引、主题索引、关键词索引、著录索引等。
	文摘型	知识型文摘、报导型文摘等。
按文献来源	全面性	文献来源包含两种及以上不同的出版形式。
	单一性	文献来源包含一种出版形式。

（2）网络检索工具（搜索引擎）

随着互联网的发展形成了一个巨大的全球化信息空间，方便了信息的收集和获取，如何获取可靠、真实、有价值的信息是现代用户面临的重大问题，如何进行网络资源的检索成为普遍关注的问题。搜索引擎技术则可以很好的解决这一系列的问题。

1）搜索引擎的概念

搜索引擎是指根据一定的策略，运用特定的计算机程序搜集互联网上的信息，以对信息进行组织和处理后，为用户提供检索服务，将用户检索的相关信息展示给用户的系统。

2）搜索引擎的分类

▶目录搜索引擎：是按目录分类的网站链接列表。用户可以按照分类目录找到所需要的信息，不依靠关键词进行查询。目录索引中最具代表性的有

Yahoo、搜狐、新浪等。目录搜索引擎虽然有搜索功能，但严格意义上不能称为真正的搜索引擎，只是按目录分类的网站链接列表而已。用户可以按照分类目录找到所需要的信息。该类搜索引擎因为加入了人工智能，所以信息准确、导航质量高，缺点是需要人工介入、维护量大、信息量少、信息更新不及时。

▶ 全文搜索引擎：也称索引式搜索引擎，是名副其实的搜索引擎。它从互联网提取各个网站的信息（以网页文字为主），建立起数据库，并能检索与用户查询条件相匹配的记录，按一定的排列顺序返回结果。从搜索结果来源的角度，全文搜索引擎又可为两种，一种是拥有自己的网络爬行程序，俗称"蜘蛛"（Spider）程序或"机器人"（Robot）程序，能自建网页数据库，搜索结果直接从自身的数据库中调用，如 Google、Fast/AllThe Web、AltaVista、Inktomi、Teoma、WiseNut、百度等；另一种则是租用其他引擎的数据库，并按自定的格式排列搜索结果，如 Lycos 搜索引擎。全文检索的优点是搜索的关键字不仅在标题中出现，在文章中甚至是参考文献中都能搜索到，信息不容易漏检。缺点是将相关的信息内容全部显示出来，包括很多无用信息，增加了工作量。

▶ 元搜索引擎：将多个搜索引擎集成在一起，当接受用户查询请求后，同时在多个搜索引擎上搜索，并将结果返回给用户。

4.1.3 综合性搜索引擎

综合性搜索引擎种类繁多，在日常生活、学习、工作中经常会用到，为了更好的体验搜索服务，本书将对几个常用的搜索引擎作简单介绍。

综合性搜索引擎

（1）百度搜索引擎（https://www.baidu.com）

百度搜索引擎于 2000 年 1 月由李彦宏、徐勇两人创立于北京中关村，致力于向大众提供"简单可依赖"的信息获取方式。它是现在全球最大的中文搜索引擎。

百度搜索引擎由四部分组成："蜘蛛"程序、监控程序、索引数据库、检索程序。门户网站只需要将用户查询的内容和一些相关参数传递到百度搜索引擎服务器上，后台程序就会自动工作，并将最终结果返回给网站。百度搜索引擎使用了高性能的"网络蜘蛛"自动在互联网中搜索信息，可定制、高扩展性的调度算法，使搜索器能在较短时间内搜索到最大数量的互联网信息。

百度搜索引擎的主页如图 4.1.3 所示，包括新闻、hao123、地图、贴吧、视频、图片、网盘等。

图 4.1.3 百度主页

1）搜索设置

单击百度主页右上方"设置"→"搜索设置"，如图 4.1.4 所示。根据用户需要可以设置搜索框提示是否显示，搜索语言可选择全部语言、仅简体中文和仅繁体中文，搜索结果条数可设置每页 10 条、每页 20 条和每页 50 条等。

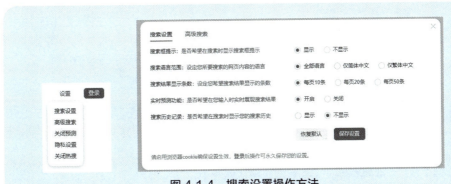

图 4.1.4 搜索设置操作方法

2）高级搜索设置

百度推出的高级搜索功能，界面如图 4.1.5 所示，可以更轻松地定义要搜索的网页的时间、地区、语言、关键词出现的位置、关键词之间的逻辑关系等，使百度搜索引擎功能更完善，查找的信息也更加准确、快捷。

根据用户需要，还可以设置搜索结果，限定要搜索网页的时间，如图 4.1.6 所示。此外，设置具体的文件类型也很重要，这样在搜索时更具有目的性，能更方便快捷地找到需要的文件，如图 4.1.7 所示。

图 4.1.5　高级搜索设置界面

图 4.1.6　高级搜索中时间设置

图 4.1.7　高级搜索中文档格式设置

3）检索技巧

检索过程中合理运用以下方法更能有效查询信息：

▶"AND"和"＋"：搜索包含两个词组的相关信息。如"中国精神 AND 劳模精神"表示搜索包含"中国精神"和"劳模精神"两个词组的相关信息。

▶"OR"和"－"：搜索包含第一个关键词，但不包括第二个关键词的信息。如"听妈妈的话 - 周杰伦"表示搜索结果有"听妈妈的话"这首歌但不能有"周杰伦"相关的信息。

▶英文半角双引号：搜索特定的词组。如搜索"'中国精神'"则只搜索出完全符合关键词的相关信息。

▶"site: 网站"：搜索受限于某个具体的网站。例如"西游记 site:edu.cn"表示检索中国教育科研网上的相关信息。

▶"filetype: 文件格式"：搜索限定文件格式的相关信息。例如："西游记 filetype:pdf"表示只搜索"西游记"的 PDF 文档。

▶"inurl:url 包含内容"："inurl"后跟需要在 url 中出现的关键词。例如："信息技术 inurl:tz"表示信息技术只出现在含有 tz 的网址中。

▶"intitle: 关键词"：表示查询内容用关键词表述出来。例如"歌曲 intitle: 周杰伦"表示周杰伦的歌曲。

以上方法简便实用，能更高效、准确地进行检索，以上方法有些适用于其他搜索引擎，可灵活掌握，后面的搜索引擎介绍将不再作赘述。更多技巧可以在各网站的帮助文档中获取。

（2）新浪网（https://www.sina.com.cn）

新浪网搜索引擎是面向全球华人的网上资源查询系统，提供网站、网页、新闻、软件、游戏等查询服务，网站收录资源丰富，分类目录规范细致，遵循中文用户习惯。目前共有 16 大类目录，1 万多个细目和 20 余万个网站，是互联网上规模最大的中文搜索引擎之一。新浪首页如图 4.1.8 所示。

新浪网推出新一代综合搜索引擎，这是中国第一家可对多个数据库查询的综合性搜索引擎，在关键词的查询反馈结果中，在同一页面上包含目录、网站、新闻、视频、网页、商品信息、消费场所、中文网址、沪深行情、软件、游戏等各类信息的综合搜索结果，最大程度地满足用户的检索需求，使用户得到全面的信息。

除资源查询外，新浪网搜索引擎还推出了更多的内容和服务，包括新浪酷站、本周新站、引擎世界、少儿搜索、WAP 搜索、搜索论坛等。

图 4.1.8 新浪网首页

1）一般搜索功能

新浪搜索引擎提供"目录检索"和"关键词检索"两种查询方法：

▶目录检索：目录是对收集的网站按分类法进行分类，用户可按目录逐级向下浏览，直到找到所需网站。就好像用户到图书馆找书一样，按照类别大小，层层查找，最终找到需要的网站或内容。

▶关键词查询：关键词查询是通过人工对收集的网站做主题摘要，用户可在搜索框中键入查询的关键词，就能搜索到符合该主题的目录和网站。

2）进阶查询

新浪除具备基本的关键词查询外，还设计了"重新查询""在结果中再查"和"在结果中去除"3 种选择。此外，新浪搜索在关键词查询中支持逻辑操作符的使用。关键词查询的结果根据与查询要求相匹配的程度排列，匹配程度越高，排列位置越靠前。新闻检索的结果则按日期排序，越新的新闻排列位置越靠前。

4.1.4 专业性搜索引擎

专业性搜索引擎又称为垂直搜索，是针对某一个行业的专业搜索引擎，是搜索引擎的细分和延伸，其对网页库中的某类专门的信息进行一次整合，定向分字段抽取出需要的数据进行处理后再以某种形式返回给用户。本书以工作搜索引擎为例对专业搜索引擎作简单阐述。

在网络没有兴起之前，求职或者招聘，只能通过纸媒、电视和广播这三条途径实现。不过，网络改变了这一切，随着某些专业招聘网站的诞生，网络招聘的优势凸显在范围扩大，成本降低，互动快捷等方面。通过网站找工作也成了当下流行的求职方法。现以其中一专业招聘网站为例作简单介绍。

为了有效防止网络世界的虚假信息，很多招聘网站都需要注册真实的个人信息，如图 4.1.9 所示。

图 4.1.9 "我要找工作"注册界面

求职者注册后可以先编辑个人简历如图 4.1.10 所示，单击"职位搜索"进入如图 4.1.11 所示的界面，通过搜索地点、月薪范围、搜全文（或搜公司）等自己的工作需求作简单搜索，再按照需要进行排序查看，快速找到自己的意向职位。

图 4.1.10 求职者个人主页界面

图 4.1.11　求职者职位搜索界面

🗨 任务要求

①进入百度（Https://www.baidu.com），用"中国精神"作为检索词进行检索，把结果记录下来。

②进入百度高级搜索，如图 4.1.12 所示，分别使用其所有的功能检索"中国精神"，并将结果与刚才的结果进行比较。

图 4.1.12　百度高级搜索界面

③利用搜狗和新浪进行相同的搜索，比较与百度的联系与区别。

④利用以上至少三种搜索引擎搜索"中国精神"后，针对以下问题作一

个总结，用表格的形式展示。

▷记录各引擎搜索时所用的时间，相同的搜索方式能搜索出多少条结果？

▷在搜索的结果中，有多少条是符合要求的？

⑤按网页、视频、PDF等分别再用以上相同的搜索引擎搜索"中国精神"。

⑥分别运用本书中提到的搜索技巧进行搜索（AND、OR、+、-等）。

💬 任务实施

根据任务要求搜索"中国精神"，用以下几种方式搜索然后作对比。

①用不同的搜索引擎搜索"中国精神"。并按表 4.1.2 填写相关内容。

表 4.1.2　搜索方式对比

序号	网站名称	搜索内容	检索功能	检索条数	检索时间	特色检索	总体评价
1							
2							
3							
4							
5							
6							

②以"中国精神"作为主题，搜索相关的新闻、网站、视频等不同形式的内容，比较哪些搜索引擎搜索哪些内容更有优势，并填写以下表格，表格内容可根据自己的搜索结果进行增减。

③利用本书前面介绍的搜索技巧，增加一些限制关键词或其他内容，进行精确搜索，并制作类型的表格说明其功能。

任务拓展　使用搜索引擎检索"红岩精神"

①进入百度（Https://www.baidu.com），用"红岩精神"作为检索词进行检索，把结果记录下来。

②进入百度高级搜索，如图 4.1.5 所示，分别使用其所有的功能检索"红岩精神"，并将结果与刚才的结果进行比较。

③利用搜狗和新浪进行相同的搜索，比较一下与百度的区别。

④利用以上至少三种搜索引擎搜索"红岩精神"后，针对以下问题作一

个总结，用表格的形式展示。

a. 记录各引擎搜索时所用的时间，相同的搜索方式能搜索出多少条结果？

b. 在搜索的结果中，有多少条是符合要求的？

⑤按网页、视频、PDF 等分别再用以上相同的搜索引擎搜索"红岩精神"。

⑥分别运用本书中提到搜索技巧进行搜索（AND、OR、＋、－等）。

任务 4.2　使用专用平台查询专业技术论文

💬 任务描述

本任务要求利用中文数据库资源检索专业技术论文，本任务将以软件技术专业为例，检索本专业毕业论文题目"大数据分析技术在成绩管理系统的应用研究"相关的论文。根据此任务具体要求学习怎样使用专用平台查询专业技术论文。

💬 任务分析

要顺利完成此项检索，不仅要了解中文资源库平台有哪些，还要能正确使用。熟悉其检索原理、方法、技巧，熟练使用这些平台进行检索，达到资源利用最大化的目的。

💬 知识准备

4.2.1　CNKI 中国期刊网数据库（https://www.cnki.net）

（1）CNKI 概述

国家知识基础设施（National Knowledge Infrastructure，NKI）的概念由世界银行《1998 年度世界发展报告》提出。它是以实现全社会知识资源传播共享与增值利用为目标的信息化建设项目。

1999 年 3 月，以全面打通知识生产、传播、扩散与利用各环节信息通道，打造支持全国各行业知识创新、学习和应用的交流合作平台为总目标，王明亮提出建设中国知识基础设施工程（China National Knowledge Infrastructure，CNKI），由清华大学清华同方光盘股份有限公司、中国学术期刊（光盘版）电子杂志社、光盘国家工程研究中心、清华同方股份有限公司、清华同方教育技术研究院共同研究出版。其正式出版了 22 个数据库型电子期刊，囊括资源总量达全国同类资源总量的 80% 以上，此外，CNKI 工程集团还开发了大量用于教育教学的多媒体素材库和多媒体知识元库。

CNKI（也称中国知网）经过多年的努力，成为我国第一个大规模、集成化的学术期刊全文数据库，也是目前世界上信息量规模最大的连续动态更新的中文期刊全文数据库。它涵盖了我国自然科学、工程技术、人文与社会科学期刊、博 / 硕士论文、图书等公共知识信息资源，还收录了中外文期刊、博 / 硕士论文、学术会议论文、专利、专著科学报告、核心期刊和专业特色期刊，实现了我国知识信息资源在互联网条件下的社会化共享与国际化传播。

（2）CNKI 初级检索

CNKI 初级检索

①打开 CNKI 主页（图 4.2.1）后，系统默认进入初级检索。现以搜索"信息检索"相关的知识为例进行阐述。

②限制搜索范围。

▶ 类型选择学术类型，勾选项目如图 4.2.2 所示。

▶ 选择搜索字段，默认为"主题"，也可以选择标题、关键字、篇名、作者等字段。

图 4.2.1　CNKI 主页

图 4.2.2　搜索类型选择

③输入检索词，单击"检索"按钮进行检索。检索结果如图 4.2.3 所示。

图 4.2.3　"信息检索"搜索结果

④如只需要中文结果，在检索结果项选择显示中文检索数据，包括学术期刊 1.87 万，学位论文 5 951 篇，会议、报纸、图书、成果等多个结果，如图 4.2.4 所示。可根据需要进行第二次检索。

图 4.2.4　"信息检索"搜索结果统计

（3）CNKI 高级检索

1）高级检索使用方法

①高级检索支持使用运算符 *、+、-、''、""、（ ）进行同一检索项内多个检索词的组合运算，检索框内输入的内容不得超过 120 个字符。

　　②输入运算符 *、+、- 时，前后要空一个字节，优先级需用英文半角括号确定。

　　③若检索词本身含空格或 *、+、-、（）、/、%、= 等特殊符号，进行多词组合运算时，为避免歧义，须将检索词用英文半角单引号或英文半角双引号引起来。

　　2）高级检索步骤

　　① 单击 CNKI 主页中的高级检索，进入高级检索界面，如图 4.2.5 所示。

图 4.2.5　高级检索界面

　　②确定检索条件。以检索"信息检索"为例，检索项为"主题"，检索词为"信息检索"，"AND 关键词"为精确等于"CNKI"，"AND 篇名"模糊等于"信息检索"。设置时间范围后单击"检索"按钮，如图 4.2.6 所示。

图 4.2.6　高级检索条件输入界面

③检索结果：检索出学术期刊 1 项，如图 4.2.7 所示。

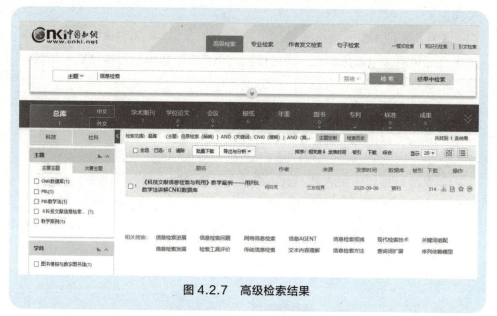

图 4.2.7　高级检索结果

④根据需要进行二次检索。

（4）CNKI 出版物检索

①单击 CNKI 主页中的"出版物检索"，进入出版物检索界面，如图 4.2.8 所示。

图 4.2.8　出版物检索界面

②如图 4.2.8 所示，选择左侧"学科导航"，在"来源名称"处输入检索词，便可得出检索结果。

以上阐述中，本书只对 CNKI 最基本的功能、检索方法进行了简单的讲解，在实际运用中，CNKI 还有许多其他功能及使用方法需要用户探索学习并实践。在此不一一阐述。

4.2.2　维普数据库系统（http://www.cqvip.com）

维普资讯网的前身是中国科技情报所重庆分所数据库研究中心，它是中国数据库产业的开拓者。维普网建立于 2000 年，经过多年的商业建设，已经成为全球著名的中文信息服务网站，是中国最大的综合性文献服务网，并成为 Google 搜索的重量级合作伙伴，是 Google Scholar 最大的中文内容合作网站。网站学科覆盖理、工、农、医、文、史、哲、法各个领域，并提供网上每日更新。维普主页如图 4.2.9 所示。

图 4.2.9　维普主页界面

利用维普数据库进行快速检索和高级检索的过程与 CNKI 基本类似，在此不再做详细介绍。下面主要介绍维普的另外几项功能。

（1）中文期刊服务平台

维普经过全新的改版升级，推出了期刊大数据平台《中文期刊服务平台》，旨在全面提升用户体验。平台包括期刊总量 14 600 余种，核心期刊

1 900 多种，文献 6 000 多种，回溯年限到 1989 年，部分期刊更早，而且每日更新。界面如图 4.2.10 所示。

图 4.2.10　中文期刊服务平台页面

它主要包括基本检索与高级检索 2 种方式。

①基本检索（与 CNKI 类似，略）。

②高级检索分为向导式检索（图 4.2.11）和检索式检索（图 4.2.12）。

图 4.2.11　高级检索一向导式检索

图 4.2.12 高级检索—检索式检索

（2）期刊导航

单击主页（图 4.2.9）中的"中文期刊服务平台"，进入如图 4.2.10 所示的页面，单击左上方"期刊导航"，进入期刊导航页面，如图 4.2.13 所示。

图 4.2.13 中文期刊服务平台页面

期刊导航搜索页面具备期刊文献检索、期刊检索、按学科分类搜索 3 种方式。

1）文献检索

文献检索与主页的文献检索方法相似，如图 4.2.13 所示的"文献检索"，也包括基本检索和高级检索。

2）期刊检索

如果知道准确的 ISSN 号或期刊名称，如图 4.2.13 所示的"期刊检索"的输入框中输入 ISSN 号或刊名，单击"期刊检索"即可进入期刊名列表页，单击刊名即可进入期刊内容。

例如，在期刊检索框输入"计算机"，单击"期刊检索"，即可检索到计算机相关的刊名 79 种，如图 4.2.14 所示。单击北大核心"计算机工程与应用"即可进入本期刊，查看其相关内容，如图 4.2.15 所示。

3）按学科分类搜索

根据学科分类来查找需要的期刊，则单击如图 4.2.13 所示的"学科分类"搜索框中的内容，进入相关学科的期刊名页面，例如单击"经济管理"类中的"企业管理"，则关于"企业管理"的所有期刊全部列出在页面中，如图 4.2.16 所示。

图 4.2.14　期刊搜索结果页面

图 4.2.15　"计算机工程与应用"期刊内容

图 4.2.16　"经济管理"—"企业管理"相关期刊列表

4.2.3　万方数据知识服务平台（https://www.wanfangdata.com.cn）

万方数据（集团）公司是国内第一家以信息服务为核心的股份制高新技术企业，是国内第一批开展互联网服务的企业之一。万方数据知识服务平台（Wanfang Data Knowledge Service Platform）是在原万方数据资源系统的基础上，经过不断改进、创新而成，集高品质信息资源、先进检索算法技术、多元化增值服务、人性化设计等特色于一身，是国内一流的品质信息资源出版、增值服务平台。以科技信息为主，同时涵盖自然科学、数理化、天文、地球、生物、医药、卫生、工业技术、社会科学、人文地理、教育、航空、环境等各个领域的信息。

万方数据知识服务平台包括万方智搜、数字图书馆、创研平台、科研诚信4个主要部分，面向不同的用户群体，为用户提供全面的信息解决方案。主页如图4.2.17所示。

图4.2.17　万方数据知识服务平台主页

（1）万方智搜

1）快速检索

快速检索是指直接在主页检索框中输入检索词。例如输入"计算机"，得到相关检索结果如图4.2.18所示。因为检索数量较多，可以根据界面限定条件进行多次二次检索，直到检索出用户需要的信息为止。

图 4.2.18 快速检索结果

2）高级检索

进入检索主页后，单击"高级检索"按钮，进入论文高级检索页面，主要有 3 种检索方式，分别是"高级检索""专业检索""作者发文检索"。与其他两个平台不同的是，万方高级检索中平台不再支持运算符 * / + / ^ 的检索，须用英文字符 and/or/not 代替，如用 * / + / ^ 将会被视为普通检索词。

如图 4.2.19 所示为高级检索页面，检索方法与知网和维普类似。

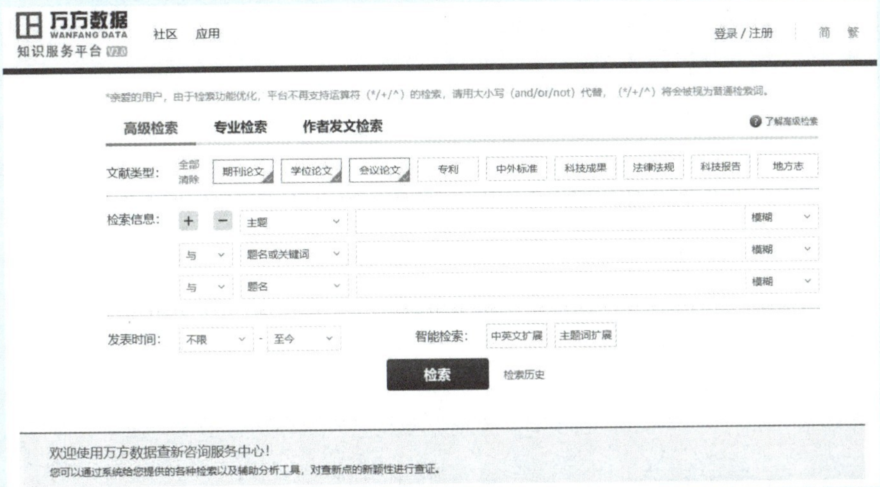

图 4.2.19 万方高级检索页面

　　万方与其他两个平台不同的是专业检索中可以在一个界面输入多个条件，包括通用（全部、主题、提名或关键词……）、期刊论文、学位论文、会议论文、逻辑关系等，如图 4.2.20 所示。

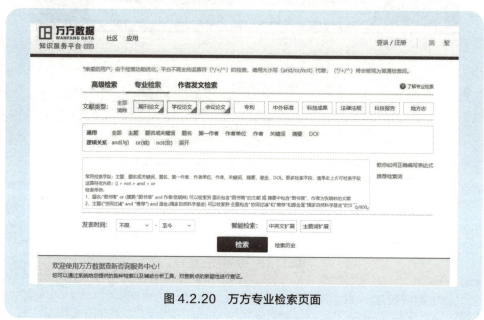

图 4.2.20　万方专业检索页面

　　作者发文检索比较简单，用户可以直接根据页面检索条件输入即可检索，如图 4.2.21 所示。

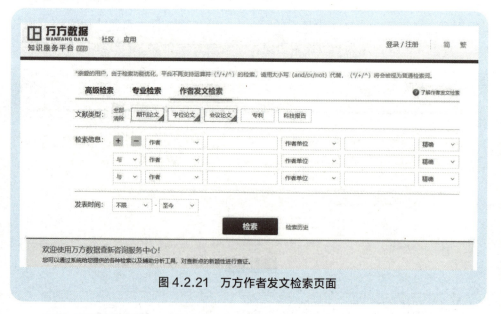

图 4.2.21　万方作者发文检索页面

（2）数字图书馆

　　数字图书馆是万方数据知识服务平台的重要组成部分，介绍了万方中包含的资源类型及总数量和当日更新数量，如图 4.2.22 所示。万方数据库（图 4.2.23）中收录了国内外 64 个数据库资源，为用户提供了方便快捷的搜索途径。

图 4.2.22　万方数字图书馆资源类型

图 4.2.23　万方数据库

（3）科研诚信

万方科研诚信网与万方数据科研诚信主要将国家、行业等方面的最新的政策、资讯等提供给用户，并且提供诚信的相关知识，政策、资讯与科研人员的关系，造成的危害等，如图 4.2.24、图 4.2.25 所示。

图 4.2.24   万方科研诚信网

图 4.2.25   万方数据科研诚信

🗨 任务要求

①检索题目：大数据分析技术在成绩管理系统的应用研究。

②检索工具：中国知网、万方、维普。

③检索方法：利用一般检索和高级检索。

④检索结果：至少保存 10 篇相关论文。

🗨 任务实施

①题目分析：提取论文包涵的主要概念——主题词或关键词有"大数据分析技术""成绩管理系统"。查询过程中如果此方面的论文较少，可以扩展为其他关键词，如"数据挖掘技术""数据分析""管理系统"等。

②构建检索策略：（大数据分析技术 OR 数据分析 OR 数据挖掘）AND（成绩管理系统 OR 管理系统）。

③检索范围：中文，时间越近越好，文献类型包括图书、毕业论文、会议论文、期刊论文、科技成果，检索途径为题名、关键词、摘要、全文。

④检索方式：网络数据库。

⑤检索工具：中国知网、万方、维普。

⑥检索过程：（以知网为例）

打开中国知网，先用一般检索，在检索栏输入"大数据分析技术在成绩管理系统的应用研究"，未检索到相关内容。现输入"（大数据分析技术 OR 数据分析 OR 数据挖掘）AND（成绩管理系统 OR 管理系统）"，输入方法如图 4.2.26 所示。单击检索，则得到如图 4.2.27 所示的检索结果。再根据需要在图 4.2.26 中进行二次检索。

图 4.2.26　检索词输入方法

图 4.2.27　检索结果

任务拓展　使用网络数据库检索"新一代信息技术"相关论文

①检索题目：新一代信息技术。

②检索工具：中国知网、万方、维普。

③检索方法：利用一般检索和高级检索。

④检索结果：至少保存 10 篇相关论文。

项目考核

①分别使用百度、新浪、搜狗等搜索引擎对"信息技术"中英文关键字进行搜索并以表格的形式记录结果。

②分别使用 3 种方法搜索"大学毕业生就业现状分析调查"，并将结果整理成分析调查报告。

③搜索关于感动中国人物 2～3 人的相关报道，如"感动中国人物"洪战辉、"最美妈妈"吴菊萍、北大保安第一人张俊成、一级战斗英雄史光柱等。

项目 5　新一代信息技术概述

项目概要

当前正处在新一代信息技术产业蓬勃发展的时代，新时代青年要了解和掌握相关知识和技术，在发展浪潮中做时代的弄潮儿，在"产业数字化、数字产业化"发展背景下，加强学习，助力实现"把核心技术掌握在自己手中"的目标。通过本项目的学习，不仅可以认识新一代信息技术，还能了解新一代信息技术在生活中的应用。

项目任务

- 📄 任务 5.1　认识新一代信息技术
- 📄 任务 5.2　新一代信息技术在生活中的应用

学习目标

- 📄 了解新一代信息技术概念
- 📄 了解 5G 技术的概念和应用
- 📄 了解云计算技术的概念和应用
- 📄 了解大数据技术的概念和应用
- 📄 了解物联网技术的概念和应用
- 📄 了解移动互联网技术的概念和应用
- 📄 了解人工智能技术的概念和应用
- 📄 了解量子技术的概念和应用
- 📄 了解区块链技术的概念和应用
- 📄 了解新一代信息技术在生活中的应用

任务 5.1　认识新一代信息技术

大国工匠——张
嘉：匠心铸就冬
奥 5G 高速通信网

💬 任务描述

　　数字化、网络化、智能化是新一轮科技革命的突出特征，也是新一代信息技术的核心。在全球范围内，信息技术的快速发展正在改变这个世界。从产业模式和运营模式，到消费结构和思维方式，信息技术对城市、地区，甚至对国家的发展进程的影响程度将会越来越深。而它自身的发展趋势也会根据"科研技术进展"和"市场热度"不断变化，如今，"数字经济""人工智能""跨界融合"已成为新一代信息产业发展的新趋势。身为新时代青年，必须了解和掌握新一代信息技术相关知识和技术。

💬 任务分析

认识新一代信息
技术

　　通过学习理论知识和网络调研，充分认识和了解新一代信息技术的内涵，理解和掌握新一代信息技术相关的各项技术，认识其在生活中的作用和影响，以积极主动的心态去拥抱新技术。

💬 知识准备

　　新一代信息技术是在云计算、大数据、人工智能等一批新兴技术产业产生和不断发展壮大的过程中，逐渐完善的概念，承接原有"信息技术"的概念，并被赋予了新的内涵。

　　2021 年 3 月 16 日，国家发改委、教育部、科技部等多部门联合发布的《关于加快推动制造服务业高质量发展的意见》，提出要"利用 5G、大数据、云计算、人工智能、区块链等新一代信息技术，大力发展智能制造，实现供需精准高效匹配，促进制造业发展模式和企业形态根本性变革。加快发展工业软件、工业互联网，培育共享制造、共享设计和共享数据平台，推动制造业实现资源高效利用和价值共享"。

　　2021 年 10 月 17 日，国资委印发《关于进一步深化法治央企建设的意见》，其中提出，运用区块链、大数据、云计算、人工智能等新一代信息技术，推动法务管理从信息化向数字化升级，探索智能化应用场景，有效提高管理效能。深化合同管理、案件管理、合规管理等重点领域信息化、数字化建设，将法律审核嵌入重大决策、重要业务管理流程，通过大数据等手段，实现法律合规风险在线识别、分析、评估、防控。

可见新一代信息技术是指以 5G、大数据、云计算、人工智能、量子信息、移动通信、物联网、区块链等为代表的新兴技术。它既是信息技术的纵向升级，也是信息技术之间及其与相关产业的横向融合。

5.1.1 5G 技术

（1）什么是 5G 技术

5G 是第五代移动通信技术（5th Generation Mobile Communication Technology）的简称，是具有高速率、低时延和大连接特点的新一代宽带移动通信技术，是实现人、机、物互联的网络基础设施。

移动通信延续着每十年升级一代的发展规律，已历经 1G、2G、3G、4G 的发展。每一次代际跃迁，每一次技术进步，都极大地促进了产业升级和经济社会发展。从 1G 到 2G，实现了模拟通信到数字通信的过渡，移动通信走进了千家万户；从 2G 到 3G、4G，实现了语音业务到数据业务的转变，传输速率成百倍提升，促进了移动互联网应用的普及和繁荣。4G 网络造就了繁荣的互联网经济，解决了人与人随时随地通信的问题，随着移动互联网快速发展，新服务、新业务不断涌现，移动数据业务流量爆炸式增长，4G 移动通信系统难以满足未来移动数据流量暴涨的需求，急需研发下一代移动通信（5G）系统。

5G 作为一种新型移动通信网络，不仅要解决人与人通信，为用户提供增强现实、虚拟现实、超高清 3D 视频等更加身临其境的极致业务体验，更要解决人与物、物与物的通信问题，满足移动医疗、车联网、智能家居、工业控制、环境监测等物联网应用需求。最终，5G 将渗透到经济社会的各行业各领域，成为支撑经济社会数字化、网络化、智能化转型的关键新型基础设施。

（2）5G 性能指标

为满足 5G 多样化的应用场景需求，5G 的关键性能指标更加多元化，其中高速率、低时延、大连接成为 5G 最突出的特征，用户体验速率达 1 Gbps，时延低至 1 ms，用户连接能力达 100 万连接 / 平方千米。

1）时延

时延采用 OTT 或 RTT 来衡量，前者是指发送端到接收端接收数据之间的间隔，后者是指发送端到发送端数据从发送到确认的时间间隔。在 4G 时代，网络架构扁平化设计大大降低了系统时延。在 5G 时代，车辆通信、工业控制、增强现实等业务应用场景，对时延提出了更高的要求，最低空口时延要求达到了 1 ms。在网络架构设计中，时延与网络拓扑结构、网络负荷、业务模型、传输资源等因素密切相关。

2）移动性

移动性是历代移动通信系统重要的性能指标，指在满足一定系统性能的前提下，通信双方最大相对移动速度。5G 移动通信系统需要支持飞机、高速公路、城市地铁等超高速移动场景，同时也需要支持数据采集、工业控制低速移动或非移动场景，5G 移动性要求在 500 km/h 以上。

3）用户感知速率

5G 时代将构建以用户为中心的移动生态信息系统，首次将用户感知速率作为网络性能指标，要求用户体验速率达到 0.1 ~ 1 Gbps。

4）峰值速率

峰值速率是指用户可以获得的最大业务速率，相比 4G 网络，5G 移动通信系统将进一步提升峰值速率，可以达到 10 Gbps 以上。

5）连接数密度

连接数密度是指单位面积内可以支持的在线设备总和，是衡量 5G 移动网络对海量规模终端设备的支持能力的重要指标，一般不低于百万 / 平方千米。

6）流量密度

流量密度是单位面积内的总流量数，是衡量移动网络在一定区域范围内数据传输能力。在 5G 时代需要支持一定局部区域的超高数据传输，网络架构应该支持能提供数十 Tbps 每平方千米的流量。在实际网络中，流量密度与多个因素相关，包括网络拓扑结构、用户分布、业务模型等因素。

（3）5G 业务场景

在 5G 时代，"人"与"人"、"人"与"物"和"物"与"物"之间原有的互联互通界线将被打破，所有的"人"和"物"都将存在于一个有机的数字生态系统里，数据或者信息将通过最优化的方式进行传递。目前，国际标准化组织 3 GPP 为 5G 定义了 eMBB、mMTC、URLLC 三大业务场景，这三大业务场景分别指向不同的领域，涵盖了我们工作和生活的方方面面。

1）eMBB：大流量移动宽带业务

eMBB 即增强移动宽带，是指在现有移动宽带业务场景的基础上，对用户体验等性能的进一步提升，这也是最贴近日常生活的应用场景。5G 在这方面带来的最直观的感受就是网速的大幅提升，即便是观看 4K 高清视频，峰值能够达到 10 Gbps。

2）mMTC：大规模物联网业务

mMTC 将在 6 GHz 以下的频段发展，同时应用在大规模物联网上。目前，在这方面比较可见的发展是 NB-IoT。以往的 Wi-Fi、Zigbee、蓝牙等无线传输技术，属于家用的小范围技术，回传线路主要都是靠 LTE，近期随着大范围覆盖的 NB-IoT、LoRa 等技术标准的出炉，有望让物联网的发展更为广泛。

5G 低功耗、大连接和低时延高可靠场景主要面向物联网业务，作为 5G 新拓展出的场景，重点解决传统移动通信无法很好地支持物联网及垂直行业应用。低功耗大连接场景主要面向智慧城市、环境监测、智能农业、森林防火等以传感和数据采集为目标的应用场景，具有小数据包、低功耗、海量连接等特点。这类终端分布范围广、数量众多，不仅要求网络具备超千亿连接的支持能力，满足 100 万 /km² 连接数密度指标要求，而且还要保证终端的超低功耗和超低成本。

3）URLLC：无人驾驶、工业自动化等业务

URLLC 特点是高可靠、低时延、极高的可用性。它包括以下各类场景及应用：工业应用和控制、交通安全和控制、远程制造、远程培训、远程手术等。

工业自动化控制需要时延大约为 10 ms，这一要求在 4G 时代难以实现。而在无人驾驶方面，对时延的要求则更高，传输时延需要低至 1 ms，而且对安全可靠的要求极高。

（4）5G 应用领域

1）工业领域

以 5G 为代表的新一代信息通信技术与工业经济深度融合，为工业乃至产业数字化、网络化、智能化发展提供了新的实现途径。5G 在工业领域的应用涵盖研发设计、生产制造、运营管理及产品服务 4 个大的工业环节，主要包括 16 类应用，分别为：AR/VR 研发实验协同、AR/VR 远程协同设计、远程控制、AR 辅助装配、机器视觉、AGV 物流、自动驾驶、超高清视频、设备感知、物料信息采集、环境信息采集、AR 产品需求导入、远程售后、产品状态监测、设备预测性维护、AR/VR 远程培训等。当前，机器视觉、AGV 物流、超高清视频等场景已取得了规模化复制的效果，实现"机器换人"，大幅降低人工成本，有效提高产品检测准确率，达到了提升生产效率的目的。未来，远程控制、设备预测性维护等场景预计将会产生较高的商业价值。

5G 能使工业智能化、绿色化发展。"5G＋工业互联网"512 工程实施以来，行业应用水平不断提升，从生产外围环节逐步延伸至研发设计、生产制造、质量检测、故障运维、物流运输、安全管理等核心环节，在电子设备制造、装备制造、钢铁、采矿、电力等 5 个行业率先发展，培育形成协同研发设计、远程设备操控、设备协同作业、柔性生产制造、现场辅助装配、机器视觉质检、设备故障诊断、厂区智能物流、无人智能巡检、生产现场监测等

十大典型应用场景，助力企业降本提质和安全生产。

2）教育领域

5G 在教育领域的应用主要围绕智慧课堂及智慧校园两方面开展。5G+智慧课堂，凭借 5G 低时延、高速率特性，结合 VR/AR/ 全息影像等技术，可实现实时传输影像信息，为两地提供全息、互动的教学服务，提升教学体验；5G 智能终端可通过 5G 网络收集教学过程中的全场景数据，结合大数据及人工智能技术，构建学生的学情画像，为教学等提供全面、客观的数据分析，提升教育教学精准度。5G+ 智慧校园，基于超高清视频的安防监控可为校园提供远程巡考、校园人员管理、学生作息管理、门禁管理等应用，解决校园陌生人进校、危险探测不及时等安全问题，提高校园管理效率和水平；基于AI 图像分析、GIS（地理信息系统）等技术，可对学生出行、活动、饮食安全等环节提供全面的安全保障服务，让家长及时了解学生的在校位置及表现，打造安全的学习环境。

3）医疗领域

5G 通过赋能现有智慧医疗服务体系，提升远程医疗、应急救护等服务能力，并催生 5G+ 远程超声检查、重症监护等新型应用场景。

5G+ 超高清远程会诊、远程影像诊断、移动医护等应用，极大提升远程会诊、医学影像、电子病历等数据传输速度和服务保障能力。在抗击新冠肺炎疫情期间，解放军总医院联合相关单位快速搭建 5G 远程医疗系统，提供远程超高清视频多学科会诊、远程阅片、床旁远程会诊、远程查房等应用，支援湖北地区新冠肺炎危重症患者救治，有效缓解抗疫一线医疗资源紧缺问题。

5G+ 应急救护等应用，在急救人员、救护车、应急指挥中心、医院之间快速构建 5G 应急救援网络，在救护车接到患者的第一时间，将病患体征数据、病情图像、急症病情记录等以毫秒级速度、无损实时传输到医院，帮助院内医生做出正确指导并提前制定抢救方案，实现患者"上车即入院"的愿景。

5G+ 远程手术、重症监护等治疗类应用，由于其容错率极低，并涉及医疗质量、患者安全、社会伦理等复杂问题，其技术应用的安全性、可靠性需进一步研究和验证，预计短期内难以在医疗领域实际应用。

4）智慧城市领域

5G 助力智慧城市在安防、巡检、救援等方面提升管理与服务水平。在城市安防监控方面，结合大数据及人工智能技术，5G+ 超高清视频监控可实现对人脸、行为、特殊物品、车辆等精确识别，形成对潜在危险的预判能力和紧急事件的快速响应能力；在城市安全巡检方面，5G 结合无人机、无人车、机器人等安防巡检终端，可实现城市立体化智能巡检，提高城市日常巡查的效率；在城市应急救援方面，5G 通信保障车与卫星回传技术可实现建立救援区域海陆空一体化的 5G 网络覆盖；5G＋VR/AR 可协助中台应急调度指挥人员直观、及时地了解现场情况，更快速、更科学地制定应急救援方案，提高应急救援效率。目前公共安全和社区治安成为城市治理的热点领域，以远程巡检应用为代表的环境监测也将成为城市发展的关注重点。未来，城市全域感知和精细管理必然成为发展趋势，仍需长期持续探索。

5）能源领域

在电力领域，能源电力生产包括发电、输电、变电、配电、用电 5 个环节，目前 5G 在电力领域的应用主要面向输电、变电、配电、用电 4 个环节开展，应用场景主要涵盖了采集监控类业务及实时控制类业务，包括输电线无人机巡检、变电站机器人巡检、电能质量监测、配电自动化、配网差动保护、分布式能源控制、高级计量、精准负荷控制、电力充电桩等。当前，基于 5G 大带宽特性的移动巡检业务较为成熟，可实现应用复制推广，通过无人机巡检、机器人巡检等新型运维业务的应用，促进监控、作业、安防向智能化、可视化、高清化升级，大幅提升输电线路与变电站的巡检效率；配网差动保护、配电自动化等控制类业务现处于探索验证阶段，未来随着网络安全架构、终端模组等问题的逐渐成熟，控制类业务将会进入高速发展期，提升配电环节故障定位精准度和处理效率。

在煤矿领域，5G 应用涉及井下生产与安全保障两大部分，应用场景主要包括作业场所视频监控、环境信息采集、设备数据传输、移动巡检、作业设备远程控制等。当前，煤矿利用 5G 技术实现地面操作中心对井下综采面采煤机、液压支架、掘进机等设备的远程控制，大幅减少了原有线缆维护量及井下作业人员；在井下机电硐室等场景部署 5G 智能巡检机器人，实现机房硐室自动巡检，极大提高检修效率；在井下关键场所部署 5G 超高清摄像头，实现环境与人员的精准实时管控。当前取得的应用实践经验已逐步开始规模推广。

6）文旅领域

5G 在文旅领域的创新应用将助力文化和旅游行业步入数字化转型的快车道。5G 智慧文旅应用场景主要包括景区管理、游客服务、文博展览、线上演播等环节。5G 智慧景区可实现景区实时监控，提升安防巡检和应急救援水平，同时可提供 VR 直播观景、沉浸式导览及 AI 智慧游记等创新体验，大幅提升了景区管理和服务水平，解决了景区同质化发展等痛点问题；5G 智慧文博可支持文物全息展示、5G＋VR 文物修复、沉浸式教学等应用，赋能文物数字化发展，深刻阐释文物的多元价值，推动人才团队建设；5G 云演播融合 4K/8K、VR/AR 等技术，实现传统曲目线上线下高清直播，支持多屏多角度沉浸式观赏体验，打破了传统艺术演艺方式，让传统演艺产业焕发了新生。

7）信息消费领域

5G 给垂直行业带来变革与创新的同时，也孕育了新兴信息产品和服务，改变着人们的生活方式。在 5G + 云游戏方面，5G 可实现将云端服务器上渲染压缩后的视频和音频传送至用户终端，解决了云端算力下发与本地计算力不足的问题，解除了终端硬件对游戏优质内容的束缚，对于消费端成本控制和产业链降本增效起到了积极的推动作用。在 5G + 4K/8K VR 直播方面，5G 技术可解决网线组网烦琐、传统无线网络带宽不足、专线开通成本高等问题，可满足大型活动现场海量终端的连接需求，并带给观众超高清、沉浸式的视听体验；5G + 多视角视频，可实现同时向用户推送多个独立的视角画面，用户可自行选择视角观看，带来更自由的观看体验。在智慧商业综合体领域，5G + AI 智慧导航、5G + AR 数字景观、5G + VR 电竞娱乐空间、5G + VR/AR 全景直播、5G + VR/AR 导购及互动营销等应用已开始在商圈及购物中心落地，并逐步规模化推广。未来随着 5G 网络的全面覆盖以及网络能力的提升，5G + 沉浸式云 XR、5G + 数字孪生等应用场景也将实现，让购物消费更具活力。

8）金融领域

金融科技相关机构正积极推进 5G 在金融领域的应用探索，应用场景多样化。银行业是 5G 在金融领域落地应用的先行军。前台方面，综合运用 5G 及多种新技术，实现了智慧网点建设、机器人全程服务客户、远程业务办理等；中后台方面，通过 5G 可实现"万物互联"，从而为数据分析和决策提供辅助。除银行业外，证券、保险和其他金融领域也在积极推动"5G +"发展，5G 开创的远程服务等新交互方式为客户带来全方位数字化体验，线上即可完成证券开户核审、保险查勘定损和理赔，使金融服务不断走向便捷化、多元化，带动了金融行业的创新变革。

9）车联网与自动驾驶

5G 车联网助力汽车、交通应用服务的智能化升级。5G 网络的大带宽、低时延等特性，支持实现车载 VR 视频通话、实景导航等实时业务。借助于车联网 C-V2X（包含直连通信和 5G 网络通信）的低时延、高可靠和广播传输特性，车辆可实时对外广播自身定位、运行状态等基本安全消息，交通灯或电子标志标识等可广播交通管理与指示信息，支持实现路口碰撞预警、红绿灯诱导通行等应用，显著提升车辆行驶安全和出行效率，后续还将支持实现更高等级、复杂场景的自动驾驶服务，如远程遥控驾驶、车辆编队行驶等。5G 网络可支持港口岸桥区的自动远程控制、装卸区的自动码货以及港区的车辆无人驾驶应用，显著降低自动导引运输车控制信号的时延以保障无线通信质量与作业可靠性，可使智能理货数据传输系统实现全天候全流程的实时在线监控。

5.1.2　云计算技术

自 2006 年开启"云计算"时代以来，云计算技术和相关产业迅速发展，新兴云计算企业如雨后春笋般不断涌现，云计算商业模式得到市场的普遍认可。经过十多年的发展，云计算的概念渐渐深入人心，企业信息系统上云成为普遍趋势，云计算的发展为"数字产业化、产业数字化"奠定了基础。

（1）云计算的产生

云计算是在计算模式的逐步发展、自然演进的过程中顺理成章地产生的，计算模式是指利用计算机完成任务的方式，或计算资源的使用模式。从早期的计算机应用，到如今的云计算，在计算技术的发展历史中，计算模式主要经历了集中式计算模式、个人桌面计算模式、分布式计算模式和按需取用云计算模式等 4 种模式的演变。

1）集中式计算模式

世界第一台电子计算机 ENIAC 诞生于 1946 年 2 月 14 日，由美国宾夕法尼亚大学研究制造，开启了人类使用计算机的时代。早期的计算机由于体积庞大、造价高昂、操作复杂，通常只有为数不多的机构才有财力购置，且都是单独放置在特别的房间里，由专业人员进行操作和维护。

为了节约成本，充分利用每台计算机的计算资源，当时的计算机系统以一台主机为核心，连接多台用户终端。在主机操作系统的管理协调下，各个终端共享主机的硬件资源，包括 CPU、内 / 外存储器、输入 / 输出设备等。终端设备通常只有基本的输入输出设备（显示器和键盘）。所使用的操作系统是典型的分时操作系统，即一台计算主机采用时间片轮转的方式同时为几个、几十个甚至几百个用户终端提供计算资源服务。

这种计算模式有系统昂贵、维护复杂、扩展不易、主机负担过重等明显缺点，但这主要是由当时的科学技术水平和工艺水平较低造成的，其计算资源集中、可同时服务多个终端用户的特点在目前的超级计算机上仍可以加以应用，实现优质资源的使用效益最大化。

2）个人桌面计算模式

1981 年 8 月 12 日，国际商用机器公司（IBM）推出了型号为 IBM5150 的新款电脑，"个人电脑"这个新生市场从此诞生。个人电脑的出现推动了娱乐消费类民用电子市场的繁荣和发展，间接促进了计算机技术的发展和生产工艺的更新换代。

个人电脑已经具备甚至超越了过去大型计算机的功能，而价格却非常便宜，因此计算模式由集中式计算模式发展为个人桌面计算模式，或称单机计算模式。其典型特点是计算资源分散，满足个人基础计算需求，配置灵活，维护简单。

3）分布式计算模式

1968 年，美国国防部高级研究计划局组建了第一个计算机网络，名为 ARPANET（Advanced Research Projects Agency Network，又称"阿帕"网）。到 20 世纪 90 年代，局域网技术发展成熟，计算机用户通过网络进行信息交互、资源共享变得非常便利，分布式计算也成为可能。这时，个人桌面计算模式开始慢慢向分布式计算模式转移。

分布式计算模式通常采用 C/S 方式工作，其中服务器负责协调工作，将应用程序需要完成的任务分派到各个客户端，并将客户端的计算结果进行汇总整理。在这种方式下，成千上万的个人计算机联合起来可以完成以往使用超级计算机才能完成的计算工作。这种计算模式有着非常巨大的潜力，可以解决需要大量计算的科学难题，如模拟核爆炸、模拟大气运动进行天气预报、分析外太空信号寻找隐蔽黑洞、寻找超大质数等。但分布式计算模式推广困难，只能在志同道合的组织或团体中进行，普通计算机用户对其并不感兴趣。

4）按需取用云计算模式

2006 年 3 月，亚马逊推出弹性计算云（Elastic Compute Cloud，EC2）服务。2006 年 8 月 9 日，谷歌首席执行官埃里克·施密特在搜索引擎大会（SES San Jose 2006）首次提出"云计算"的概念，这两个事件标志着云时代正式到来。

云计算模式就是云计算服务提供商将自己庞大的计算资源和存储资源进行虚拟池化，在集群技术、并行计算、分布式计算等技术保障下，通过高速网络，为用户提供按需取用的虚拟计算资源和虚拟存储资源服务。

从计算机用户的角度来说，分布式协作是由多个用户合作完成某项工作，而云计算不需要用户参与，而是交给网络另一端的服务器完成，用户只是享用云端资源。显然，从这个角度看，按需取用云计算模式将计算资源作为一种服务提供给用户，更受普通计算机用户的欢迎，更容易推广。

（2）云计算的概念

现在有许多定义尝试着从学术、架构师、工程师、开发人员、管理人员和消费者等不同的角度来定义什么是云。云安全联盟（Cloud Security Alliance，CSA）认为"云计算是一种新的运作模式和一组用于管理计算资源共享池的技术""是一种颠覆性的技术，它可以增强协作、提高敏捷性、可扩展性以及可用性，还可以通过优化资源分配、提高计算效率来降低成本"。

（3）云计算的模型

NIST 提出的标准中，有关云计算的概念、模型等已被普遍接受，具有较高的参考价值。在 NIST 的定义模型中，云计算有五个基本特征、三个服务模型、四个部署模型。如图 5.1.1 所示。

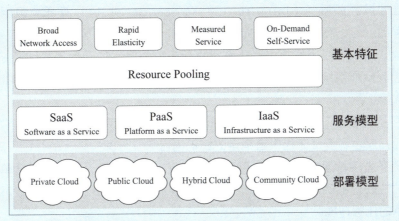

图 5.1.1 NIST 定义的云计算模型

1）五个基本特征

随需应变的自助服务（On-Demand Self-Service）：消费者可以单方面地按需自动获取计算能力，如服务器时间和网络存储，从而免去了与每个服务提供者进行交互的过程。

无处不在的网络访问（Broad Network Access）：用户可以通过不同的客户端（例如，移动电话、笔记本电脑或 PDA 掌上电脑等），随时随地通过网络获取云计算资源。

资源共享池（Resource Pooling）：服务提供者将计算资源汇集到资源池中，通过多租户模式共享给多个消费者，根据消费者的需求对不同的物理资源和虚拟资源进行动态分配或重分配。资源的所在地具有保密性，消费者通常不知道资源的确切位置，也无力控制资源的分配，但是可以指定较精确的概要位置（如国家、省或数据中心等）。资源类型包括存储、处理、内存、带宽和虚拟机等。

快速弹性（Rapid Elasticity）：一种对资源快速和弹性提供和同样对资源快速和弹性释放的能力。对消费者来说，可取用的功能是应有尽有的，并且可以在任何时间进行任意数量的购买。

计量付费服务（Measured Service）：云系统利用一种计量功能（通常是通过一个付费使用的业务模式）来自动调控和优化资源利用，根据不同的服务类型按照合适的度量指标进行计量（如存储、处理、带宽和活跃用户账户）。监控、控制和报告资源使用情况，提升服务提供者和服务消费者的透明度。

2）三个服务模型

云计算提供基础设施即服务、平台即服务和软件即服务三个不同类别的服务。

基础设施即服务（Infrastructure as a Service，IaaS）：消费者租用处理器、存储、网络和其他基本的计算资源，能够在上面部署和运行任意软件，包括操作系统和应用程序。消费者不管理或控制底层的云计算基础设施，但可以控制操作系统、存储、部署的应用，也有可能选择网络构件（例如，主机防火墙）。

平台即服务（Platform as a Service，PaaS）：消费者将自己创建或获取的应用程序，利用资源提供者指定的编程语言和工具部署到云的基础设施上。消费者不直接管理或控制包括网络、服务器、运行系统、存储，甚至单个应用的功能在内的底层云基础设施，但可以控制部署的应用程序，也有可能配置应用的托管环境。

软件即服务（Software as a Service，SaaS）：该模式的云服务，是在云基础设施上运行的、由提供者提供的应用程序。这些应用程序可以被各种不同的客户端设备，通过像 Web 浏览器（例如基于 Web 的电子邮件）这样的客户端界面所访问。消费者不直接管理或控制底层云基础设施，包括网络、服务器、操作系统、存储，甚至单个应用的功能，但有限的特定于用户的应用程序配置设置除外。

3）四个部署模型

云计算有私有云、社区云、公有云和混合云 4 个部署模型。

私有云（Private Cloud）：云基础设施专为一个单一的组织运作。它可以由该组织或某个第三方管理并可以位于组织内部或外部，如企业云、校园云等。

社区云（Community Cloud）：云基础设施由若干个组织共享，支持某个特定有共同关注点的社区。它可以由该组织或某个第三方管理并可以位于组织内部或外部。

公有云（Public Cloud）：云计算服务提供商提供云基础设施服务给一般公众或行业团体，如阿里云等。

混合云（Hybrid Cloud）：云基础设施由两个或多个云（私有、社区或公共）组成，以独立实体存在，但是通过标准的或专有的技术绑定在一起，这些技术促进了数据和应用的可移植性（例如云间的负载平衡）。混合云通常用于描述非云化数据中心与云服务提供商的互联。

（4）云计算的应用场景

云计算在各行各业都有其用武之地，这里简要列举几个比较典型的应用场景。

1）云数据中心

云数据中心（IDC）是在原有数据中心的基础上，加入更多云的基因，比如系统虚拟化技术、自动化管理技术和智慧的能源监控技术等。通过 IDC 的云平台，用户能够使用到虚拟机和存储等资源。同时 IDC 可通过引入新的云技术来提供许多新的具有一定附加值的服务如 PaaS 等。中国联通、中国移动、中国电信等纷纷在各地建立云数据中心并对外提供本地云服务就是此类典型应用。

2）云存储系统

云存储系统可以解决本地存储在管理上的缺失，它通过整合网络中多种存储设备来对外提供云存储服务，并能管理数据的存储、备份、复制和存档，云存储系统非常适合那些需要管理和存储海量数据的企业。

3）虚拟桌面云

虚拟桌面云可以解决传统桌面系统高成本的问题，其利用了现在成熟的桌面虚拟化技术，更加稳定和灵活，而且系统管理员可以统一地管理用户在服务器端的桌面环境，该技术比较适合那些需要使用大量桌面系统的企业。

4）开发测试云

开发测试云可以解决开发测试过程中的棘手问题，其通过友好的 Web 界面，可以预约、部署、管理和回收整个开发测试的环境，通过预先配置好（包括操作系统、中间件和开发测试软件）的虚拟镜像来快速地构建一个个异构的开发测试环境，使用快速备份 / 恢复等虚拟化技术来重现问题，并利用云的强大的计算能力来对应用进行压力测试，比较适合那些需要开发和测试多种应用的组织和企业。当前流行的云容器服务更是为云应用开发测试的用户提供了更便捷、更灵活、更高效的服务。

5）高性能计算

HPC 云能够为用户提供可以完全定制的高性能计算环境，用户可以根据自己的需求来改变计算环境的操作系统、软件版本和节点规模，从而避免与其他用户冲突，并可以成为网格计算的支撑平台，以提升计算的灵活性和便捷性。HPC 云特别适合需要使用高性能计算，但缺乏巨资投入的普通企业和学校。

6）云杀毒

云杀毒技术可以在云中安装附带庞大的病毒特征库的杀毒软件，当发现有嫌疑的数据时，杀毒软件可以将有嫌疑的数据上传至云中，并通过云中庞大的特征库和强大的处理能力来分析这个数据是否含有病毒，这非常适合那些需要使用杀毒软件来捍卫其电脑安全的用户。

7）云办公、云会议等

2019 年开始的新冠肺炎疫情，让人们熟悉了"云办公""云会议"等场景，也让人们更加熟悉和了解云计算技术。此外，"云课堂""云旅游""云展览""云演出"等云端应用越来越普及和常见，云计算已经进入人们的日常生活，"云"上工作、"云"上生活成为人们重要的生产生活方式。

（5）云计算应用领域

云计算的应用领域有金融云、制造云、教育云、医疗云、云会议、云存储、云安全等。

1）金融云

金融云是利用云计算的模型构成原理，将金融产品、信息、服务分散到庞大分支机构所构成的云网络当中，提高金融机构迅速发现并解决问题的能力，提升整体工作效率，改善流程，降低运营成本。

2）制造云

制造云是云计算向制造业信息化领域延伸与发展后的落地与实现，用户通过网络和终端就能随时按需获取制造资源与能力服务，完成其制造全生命周期的各类活动。

3）教育云

教育云是"云计算技术"的迁移在教育领域中的应用，包括了教育信息化所必需的一切硬件计算资源，这些资源经虚拟化之后，向教育机构、从业人员和学习者提供一个良好的云服务平台。

4）医疗云

医疗云是指在医疗卫生领域采用云计算、物联网、大数据、5G 通信、移动技术以及多媒体等新技术基础上，结合医疗技术，使用"云计算"的理念来构建医疗健康服务云平台。

5）云会议

云会议是基于云计算技术的一种高效、便捷、低成本的会议形式。使用者只需要通过互联网界面，进行简单易用的操作，便可快速高效地与全球各地团队及客户同步分享语音、数据文件及视频。

6）云存储

云存储是指通过集群应用、网格技术或分布式文件系统等功能，将网络中大量各种不同类型的存储设备通过应用软件集合起来协同工作，共同对外提供数据存储和业务访问功能的一个系统。

7）云安全

云安全通过网状的大量客户端对网络中软件行为的异常监测，获取互联网中木马、恶意程序的新信息，推送到服务器端进行自动分析和处理，再把病毒和木马的解决方案分发到每一个客户端。

5.1.3 大数据技术

（1）什么是大数据

"大数据"从字面上理解，是指体量庞大的数据集。关于大数据的定义当前已出现多个说法，并没有形成统一的定论。

维基百科将大数据定义为规模庞大、结构复杂、难以通过现有商业工具和技术在可容忍的时间内获取、管理和处理的数据集。

麦肯锡全球研究所给出的定义为一种规模大到在获取、存储、管理、分析方面大大超出了传统数据库软件工具能力范围的数据集合，具有海量的数据规模、快速的数据流转、多样的数据类型和价值密度低四大特征。

研究机构 Gartner 给出的定义为大数据是需要新处理模式才能具有更强的决策力、洞察发现力和流程优化能力的海量、高增长率和多样化的信息资产。

SAS 软件研究所定义为大数据描述了非常大量的数据，包括结构化和非结构化数据。但重要的不是数据量，而是如何组织处理数据，大数据可以被分析，有助于做出更好决策和商业战略行为。

NIST 认为大数据由具有规模巨大、种类繁多、增长速度快和变化多样化，且需要一个可扩展体系结构来有效存储、处理和分析的广泛的数据集组成。

（2）大数据的特征

普遍认为，大数据具备大量（Volume）、多样（Variety）、高速（Velocity）和价值（Value）4 个方面典型特征，即所谓的"4V"。即数据体量巨大、数据类型多、数据增长速度快和数据价值巨大。

1）大量

大数据的特征首先就是数据规模大。随着互联网、物联网、移动互联技术的发展，大量事物的轨迹都可以被记录下来，数据呈现出爆发性增长。大数据的数据体量远不止成千上万行，而是动辄几十亿行、数百万列。数据集合的规模不断扩大，已经从 GB 级增加到 TB 级再到 PB 级，甚至不可避免地开始以 EB 和 ZB 来计。

2）多样

数据来源的广泛性，决定了数据形式的多样性。传统 IT 产业产生和处理的数据类型较为单一，大部分是结构化数据。随着传感器、智能设备、社交媒体、物联网、移动计算等新的数据媒介不断涌现，产生的数据类型越来越复杂多样。

3）高速

数据的增长速度和处理速度是大数据高速特征的重要体现。大数据的数据产生、处理和分析的速度快，与传统的数据处理技术表现出本质的区别。

4）价值

大数据的核心特征是价值，价值密度的高低和数据总量的大小是成反比的，即数据价值密度越高数据总量越小，数据价值密度越低数据总量越大。任何有价值的信息的提取依托的就是海量的基础数据。当然目前大数据背景下有个未解决的问题，即如何通过强大的机器算法更迅速地在海量数据中完成数据的价值提纯。

在此基础上，还有一些学者在大数据的"4V"特征基础上增加了真实性（Veracity），表示数据的准确性和可信赖度，即数据的质量，也就是所谓的"5V"特征。

（3）大数据的结构类型

大数据的结构可以有多种，包括结构化的数据和非结构化的文本文件、财务数据、多媒体文件和基因定位图数据。按照数据是否有强的结构模式，可将数据划分为结构化数据、半结构化数据、准结构化数据和非结构化数据。

1）结构化数据

结构化数据是指具有较强的结构模式，可以使用关系型数据库表示和存储的数据。结构化数据包括预定义的数据类型、数据格式和数据结构，通常表现为一组二维形式的数据集。

2）半结构化数据

半结构化数据是一种弱化的结构化数据形式，它并不符合关系型数据模型的要求，但仍有明确的数据大纲，包括相关的标记、用来分割实体以及实体的属性。这类数据中的结构特征相对容易获取和发现，例如有模式定义的和自描述的可扩展标记语言（XML）数据文件。

3）准结构化数据

这类文本数据带有不规则的数据格式，但是可以通过工具规则化，例如可能包含不一致的数据值和格式的网页单击流数据。

4）非结构化数据

数据没有固定的结构，例如文本文件、PDF文件、图像和视频。在未来大数据的发展中，80%～90%的新增数据都将是非结构化的。

（4）大数据应用场景

大数据已经应用在各行各业，以下是几个典型应用场景。

1）电商

电商行业是最早将大数据用于精准营销的行业，它可以根据消费者的习惯提前生产物料和物流管理，这样有利于精细化生产。随着电子商务越来越集中，大数据在行业中的数据量变得越来越大，并且种类非常多。在未来的发展中，大数据在电子商务中的应用将更为广泛，其中主要包括预测和分析消费趋势、区域消费特征、顾客消费习惯、消费者行为、消费热点和影响消费的重要因素。

2）金融

大数据在金融行业的应用是非常广泛的，主要应用在交易过程中。现在许多股权交易都是利用大数据算法进行的。这些算法能够越来越多地考虑社交媒体和网站新闻，并且决定接下来的几秒内是选择购买还是出售。

3）医疗

医疗行业是非常需要大数据分析的传统行业之一。医疗行业拥有大量的病例、病理报告、治愈方案、药物报告等。如果这些数据可以被整理和应用将会极大地帮助医生和病人。

在诊断疾病时，疾病的确诊和治疗方案的确定是最困难的。在未来，借助于大数据平台我们可以收集不同病例和治疗方案，可以建立针对疾病特点的数据库。如果未来基因技术发展成熟，可以根据病人的基因序列特点进行分类，建立医疗行业的病人分类数据库。在医生诊断时可以参考病人的疾病特征、化验报告和检测报告，参考疾病数据库来快速帮助确诊，明确定位疾病。在制订治疗方案时，医生可以依据病人的基因特点，调取基因、年龄相似且人种、身体情况相同病人的有效治疗方案，制订出合适的治疗方案，帮助更多人及时进行治疗。同时这些数据也有利于医药行业开发出更加有效的药物和医疗器械。

4）交通

交通作为人类行为的重要组成和重要条件之一，对于大数据的需求也是非常急迫的。近年来，我国的智能交通已实现了快速发展，许多技术手段都达到了国际领先水平。但是问题和困境也非常突出，从各个城市的发展状况来看，智能交通的潜在价值还没有得到有效挖掘：对交通信息的感知和收集有限，对存在于各个管理系统中的海量的数据无法共享运用、有效分析，对交通态势的研判预测乏力，对公众的交通信息服务很难满足需求。整体上智能交通的现状是效率不高，智能化程度不够，使得很多先进技术设备发挥不了应有的作用，也造成了大量投入上的资金浪费。其中很重要的问题是小数据时代带来的硬伤：从模拟时代带来的管理思想和技术设备只能进行一定范围的分析，而管理系统的那些关系型数据库只能刻板地分析特定的关系，对于海量数据尤其是半结构、非结构数据无能为力。

目前，交通的大数据应用主要在两个方面，一方面可以利用大数据传感器数据来了解车辆通行密度，合理进行道路规划；另一方面可以利用大数据来实现即时信号灯调度，提高已有线路运行能力。科学地安排信号灯是一个复杂的系统工程，必须利用大数据计算平台才能计算出一个较为合理的方案，科学的交通调度将会提高 30% 左右已有道路的通行能力。机场的航班起降依靠大数据将会提高航班管理的效率，航空公司利用大数据可以提高上座率，降低运行成本。铁路利用大数据可以有效安排客运和货运列车，提高效率、降低成本。

5）教育

随着技术的发展，信息技术已在教育领域有了越来越广泛的应用。考试、课堂、师生互动等各个环节都被大数据包裹。

在课堂上，大数据不仅可以帮助改善教育教学，还可以帮助家长和教师甄别出孩子的学习差距和有效的学习方法。在国内尤其是北京、上海、广州等城市，大数据在教育领域就已有了非常多的应用，例如慕课、在线课程、翻转课堂等，其中就应用了大量的大数据工具。

毫无疑问，在不远的将来，通过大数据分析可以优化教育机制，也可以做出更科学的决策。个性化学习终端将会更多地融入学习资源云平台，根据每个学生的不同兴趣爱好和特长，推送相关领域的前沿技术、资讯、资源乃至未来职业发展方向等，并贯穿每个人终身学习的全过程。

5.1.4　物联网技术

（1）什么是物联网

物联网（Internet of Things，IoT）指的是将无处不在的末端设备和设施，包括具备"内在智能"的传感器、移动终端、工业系统、数控系统、家庭智能设施、视频监控系统等，和"外在使能"的如贴上 RFID 的各种资产、携带无线终端的个人与车辆等"智能化物件或动物"或"智能尘埃"，通过各种无线或有线的长距离或短距离通信网络实现互联互通、应用大集成，以及基于云计算的 SaaS 营运等，在内网、专网、互联网等环境下，采用适当的信息安全保障机制，提供安全可控乃至个性化的实时在线监测、定位追溯、报警联动、调度指挥、预案管理、远程控制、安全防范、远程维保、在线升级、统计报表、决策支持、领导桌面（集中展示的 Cockpit Dashboard）等管理和服务功能，实现对"万物"的"高效、节能、安全、环保"的"管、控、营"一体化。

物联网的概念是在 1999 年提出的，它的定义很简单：把所有物品通过射频识别等信息传感设备与互联网连接起来，实现智能化识别和管理。也就是说，物联网是指各类传感器和现有的互联网相互衔接的一个新技术。2005 年国际电信联盟（ITU）发布《ITU 互联网报告 2005：物联网》报告指出，无所不在的物联网通信时代即将来临，世界上所有的物体从轮胎到牙刷、从房屋到纸巾都可以通过互联网进行连接。射频识别技术（RFID）、传感器技术、纳米技术、智能嵌入技术将得到更加广泛的应用。

把网络技术运用于万物，组成"物联网"，如把感应器嵌入装备到油网、电网、路网、水网、建筑、大坝等物体中，然后将"物联网"与"互联网"整合起来，实现人类社会与物理系统的整合。超级计算机群对"整合网"的人员、机器设备、基础设施实施实时管理控制，以精细动态方式管理生产生活，提高资源利用率和生产力水平，改善人与自然的关系。

（2）物联网关键技术

简单而言，物联网是实现物与物、人与物之间的信息传递与控制，在物联网应用中有以下关键技术。

1）传感器技术

传感器技术也是计算机应用中的常用关键技术。绝大部分计算机处理的都是数字信号，因此就需要利用传感器把模拟信号转换成数字信号。

2）RFID 标签

射频识别技术 RFID 是 Radio Frequency Identification 的缩写，其本身也是一种传感器技术，是融合了无线射频技术和嵌入式技术为一体的综合技术，RFID 在自动识别、物品物流管理方面有着广阔的应用前景。

3）嵌入式系统技术

嵌入式系统技术是综合了计算机软硬件、传感器技术、集成电路技术、电子应用技术为一体的复杂技术。经过几十年的演变，以嵌入式系统为特征的智能终端产品随处可见，小到手机、电视机，大到航天航空的卫星系统。嵌入式系统正在改变着人们的生活，推动着工业生产以及国防工业的发展。如果把物联网用人体做一个简单比喻，传感器相当于人的眼睛、鼻子、皮肤等感官，网络就是用来传递信息的神经系统，嵌入式系统则是人的大脑，在接收到信息后要进行分类处理。

4）智能技术

智能技术是为了有效地达到某种预期的目的，利用知识所采用的各种方法和手段。通过在物体中植入智能系统，可以使得物体具备一定的人工智能性，从而能够主动或被动地与用户沟通，也是物联网的关键技术之一。

5）纳米技术

纳米技术是研究结构尺寸在 0.1 ～ 100 nm 范围内材料的性质和应用，主要包括纳米体系物理学、纳米化学、纳米材料学、纳米生物学、纳米电子学、纳米加工学、纳米力学等。这 7 个相对独立又相互渗透的学科和纳米材料、纳米器件、纳米尺度的检测与表征这 3 个研究领域相关联。纳米材料的制备和研究是整个纳米科技的基础，其中，纳米物理学和纳米化学是纳米技术的理论基础，而纳米电子学是纳米技术最重要的内容。纳米技术的发展意味着物联网当中体积越来越小的物体能够进行交互和连接。电子技术的发展趋势要求器件和系统更快、更冷、更小。更快是指响应速度要快；更冷是指单个器件的功耗要小；更小则是指器件和电路的尺寸要小。纳米技术是建设者的最后疆界，它的影响将是巨大的。

（3）物联网的应用场景

物联网用途广泛，遍及智慧交通、环境保护、智能家居、智能安防、老人护理、食品溯源、智慧农业、智慧物流和情报搜集等多个领域，这里简要介绍几个常见应用场景。

物联网的应用场景

1）智能家居

智能家居通过物联网技术将家中的各种设备（如音视频设备、照明系统、窗帘控制、空调控制、数字影院系统网络家电等）连接到一起，提供家电控制、照明控制、室内外遥控、环境监测、暖通控制以及可编程定时控制等多种功能和手段。

智能家居行业发展主要分为三个阶段，单品连接、物物联动和平台集成。其发展的方向是首先连接智能家居单品，随后走向不同单品之间的联动，最后向智能家居系统平台发展，进行统一的运营。当前，智能家居类企业正处在从单品向物物联动的过渡阶段。

单品连接：这个阶段是将各个产品通过传输网络，如 Wi-Fi、蓝牙、ZigBee 等进行连接，对每个单品单独控制。

物物联动：各智能家居企业将自家的所有产品进行联网、系统集成，使得各产品间能联动控制，但不同企业的产品还不能联动。

平台集成：这是智能家居发展的最终阶段，根据统一的标准，各企业单品能相互兼容，目前还没有发展到这个阶段。

2）智慧交通

交通是城市经济发展的动脉，智慧交通是智慧城市建设的重要构成部分。

智慧交通利用先进的信息技术、数据传输技术以及计算机处理技术等，通过集成到交通运输管理体系中，使人、车和路能够紧密的配合，改善交通运输环境、保障交通安全以及提高资源利用率。

3）智能安防

安防是物联网的一大应用市场，因为安全永远都是人们的基本需求。传统安防对人员的依赖性比较大，非常耗费人力，而智能安防能够通过设备实现智能判断。目前，智能安防最核心的部分在于智能安防系统，该系统是对拍摄的图像进行传输与存储，并对其分析与处理。一个完整的智能安防系统主要包括三大部分：门禁、监控和报警。

门禁系统主要以感应卡式、指纹、虹膜以及面部识别等为主，有安全、便捷和高效的特点，能联动视频抓拍、远程开门、手机位置探测及轨迹分析等。监控系统主要以视频为主，分为警用和民用市场。通过视频实时监控，使用摄像头进行抓拍记录，将视频和图片进行数据存储和分析，实时监测、确保安全。报警系统主要通过报警主机进行报警，同时，部分研发厂商会将语音模块以及网络控制模块置于报警主机中，缩短报警反映时间。

4）智慧农业

智慧农业指的是利用物联网、人工智能、大数据等现代信息技术与农业进行深度融合，实现农业生产全过程的信息感知、精准管理和智能控制的一种全新的农业生产方式，可实现农业可视化诊断、远程控制以及灾害预警等功能。

农业分为农业种植和畜牧养殖两个方面。农业种植分为设施种植（温室大棚）和大田种植，主要包括播种、施肥、灌溉、除草以及病虫害防治等五个部分，以传感器、摄像头和卫星等收集数据，实现数字化和机械智能化发展。当前，数字化的实现多以数据平台服务来呈现，而机械智能化以农机自动驾驶为代表。畜牧养殖主要是将新技术、新理念应用在生产中，包括繁育、饲养以及防疫等。

5）智慧物流

智慧物流是新技术应用于物流行业的统称，指的是以物联网、大数据、人工智能等信息技术为支撑，在物流的运输、仓储、包装、装卸、配送等各个环节实现系统感知、全面分析及处理等功能。智慧物流的实现能大大降低运输成本，提高运输效率，提升整个物流行业的智能化和自动化水平。物联网应用于物流行业中，主要体现在三方面，即仓储管理、运输监测和智能快递柜。

仓储管理通常采用基于 LoRa、NB-IoT 等传输网络的物联网仓库管理信息系统，完成收货入库、盘点调拨、拣货出库以及整个系统的数据查询、备份、统计、报表生产及报表管理等任务。运输监测实现实时监测货物运输中的车辆行驶情况以及货物运输情况，包括货物位置、状态环境以及车辆的油耗、油量、车速及刹车次数等驾驶行为。智能快递柜将云计算和物联网等技术结合，实现快递存取和后台中心数据处理，通过 RFID 或摄像头实时采集、监测货物收发等数据。

5.1.5　移动互联网技术

移动互联网是指移动通信终端与互联网相结合成为一体，使用户使用手机、平板电脑或其他无线终端设备，通过高速移动网络，在移动状态下如在地铁、公交车上等，能随时随地访问互联网以获取信息，使用商务、娱乐等各种网络服务。

通过移动互联网，人们可以使用手机、平板电脑等移动终端设备浏览新闻，还可以使用各种移动互联网应用，例如在线搜索、在线聊天、移动网游、手机电视、在线阅读、网络社区、收听及下载音乐等。移动互联网的普及，深刻影响着人们的生活和工作习惯。

移动互联网是在传统互联网基础上发展起来的，因此二者具有很多共性，但由于移动通信技术和移动终端的发展，它又具备传统互联网没有的新特性。

1）交互性

用户可以随身携带和随时使用移动终端，在移动状态下接入和使用移动互联网应用服务。现在，从智能手机到平板电脑，随处可见这些终端发挥强大功能的身影。当人们需要沟通交流的时候，随时随地可以用语音、图文或者视频解决，大大提高了移动互联网的交互性。

2）便携性

相对于台式计算机，移动终端小巧轻便、可随身携带，用户可以装入随身携带的书包和手袋中，并在任意场合接入网络。这个特点决定了使用移动终端设备上网，沟通与资讯的获取远比台式计算机方便。用户能够随时随地获取娱乐、生活、商务相关的信息，进行支付、查找周边位置等操作，使得移动应用可以进入人们的日常生活，满足衣食住行、吃喝玩乐等需求。

移动互联网应用服务在提供便捷的同时，也受到了来自网络技术和终端硬件条件的限制。在网络技术方面，受到无线网络传输环境、技术能力等因素限制；在终端硬件方面，受到终端大小、处理能力、电池容量等的限制。移动互联网各个部分相互联系、相互作用并制约发展，任何一部分的滞后都会延缓移动互联网发展的步伐。

5.1.6 人工智能技术

（1）人工智能的概念

人工智能（Artificial Intelligence，AI）是研究、开发用于模拟、延伸和扩展人的智能的理论、方法、技术及应用系统的一门新的技术科学。人工智能融合了计算机科学、统计学、脑神经学和社会科学。用通俗的语言来讲，人工智能就是让计算机具有人的智能，从而可以代替人类实现识别、认知、分析和决策等多种行为。

人工智能是计算机科学的一个分支，它企图了解智能的实质，并生产出一种新的能以人类智能相似的方式作出反应的智能机器，该领域的研究包括机器人、语言识别、图像识别、自然语言处理和专家系统等。人工智能从诞生以来，理论和技术日益成熟，应用领域也不断扩大，人工智能不是人的智能，但能像人那样思考，也可能超过人的智能。

（2）人工智能的发展历史

1）人工智能的启蒙时代

1950 年，被称为"计算机之父"的图灵（图 5.1.2）发表了一篇名叫《计算机器与智能》的重要论文，在论文里，图灵对"用机器模拟人的智慧"这一主题进行了探讨，并预言人类最终将创造出具备人类智慧能力的机器。巧合的是，同年明斯基（后人称其为"人工智能之父"）制造了世界上第一台神经网络计算机。

图 5.1.2 "计算机之父"的图灵（左）和"人工智能之父"明斯基（右）

一个有趣的实验有效佐证了图灵的预测。这个实验是让一群测试者通过键盘和屏幕跟计算机进行对话（但测试者并不知道对面是否是人），然后让测试者判断幕后对话者是人还是机器，如果测试者不能分辨出这是机器，则这台计算机就通过了测试，可以认为其具备了人工智能，这便是著名的图灵测试，图灵测试开启了人们对"人工智能"的讨论，而直到今天，图灵测试仍然是我们判断一部机器是否具有人工智能的重要方法。

1956 年，在美国达特茅斯学院举办了一场研讨会，会上明斯基等人热烈地讨论了"用机器模拟人类智能行为"，正式确立了"人工智能"这一术语，这标志着人工智能学科的诞生。以明斯基为代表的参会科学家们随后在麻省理工学院创建了一个人工智能实验室，这是人类历史上第一个聚焦人工智能的实验室。

明斯基在机器人技术的基础上，结合人工智能技术研发了具备模拟人类活动能力的机器人 Robot C，这是最早的智能机器人。同时他还提出了早期的"虚拟现实"概念，即 Telepresence。Telepresence 是一种允许人体验虚拟现实场景的设备或技术。

2）人工智能的春天——语音识别

随着科技的不断发展，人们不再满足于通过键盘、鼠标输入命令，而是试图通过语音更快地对计算机进行操纵，这就引发了语音识别技术的研究热潮。

语音识别技术的研究内容，是建立在机器学习的基础上，把语音信号转化为自然语言，从而形成可执行的计算机命令。这种技术本质上就是一种模式识别系统，其最终目标是实现人与机器进行自然语言通信，如图 5.1.3 所示为语音识别的处理流程。

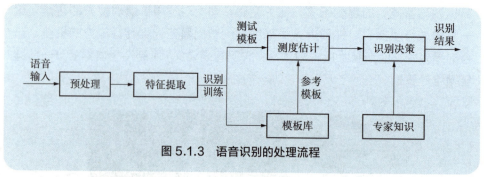

图 5.1.3 语音识别的处理流程

标准的语音识别流程分预处理、特征提取、测度估计（模板库）和识别决策（专家知识）四部分。

▶预处理：主要是对音频信号去噪，让信号更加清晰。

▶特征提取：选择与提取音频特征，是识别过程中最为重要的一环。这个过程实质上是信息压缩的过程，目的是剥离干扰因素，提取出最有特色的片段，使后续识别更加简单。

▶测度估计（模板库）：利用模板库的已有信息，结合待识别音频在特征维度上的测度，进行初步匹配，衡量与模板的相似度。

▶识别决策（专家知识）：根据测度估计得到的结果，结合已知的专家知识，对待识别音频进行类别判定，并给出结果的可信度。

世界上最早的语音识别系统是在 1952 年由 AT&T Bell 实验室开发的 Audry 系统，Audry 系统只可以识别 10 个英文数字。到了 20 世纪 60 年代，借助新兴的人工神经网络算法的帮助，语音识别技术在识别率上有了较大突破，出现了能辨别单个词汇的识别系统。

进入 20 世纪 80 年代后，随着隐马尔可夫模型的算法发展，语音识别的识别率得到了更好的提升。1989 年，全球第一个基于隐马尔可夫模型的语音识别系统研制成功，实验表明其识别效果较以前的系统有了非常大的提高，实现了非特定人、大词汇量、连续语音的识别效果，具备了商用的基础。

进入 20 世纪 90 年代，世界 500 强公司如苹果、AT&T、IBM 和 NTT 都开始在语音识别领域进行研究。这项技术开始从科研实验走向商业应用，并涌现了一批以语音识别为核心业务的科创公司，如 Nuance 公司。

电话自动语音服务是其中一个典型应用。在这套系统中，智能语音识别模块把电话机从通话工具变成一个智能服务中心，用户可以使用语音命令进行远程查询，远端数据库再把信息通过电话传递回来，这样电话的功能就大大增强了（图 5.1.4）。

图 5.1.4 计算机语音输入

随着智能手机的流行，语音识别正逐步成为信息技术中人机交互的关键技术，这项技术能帮助人们丢掉键盘，通过语音命令进行操作。例如，如今在使用微信、QQ 等即时通信工具时，直接对着手机说话便可以录入文字信息，发送给他人的语音信息也可以转化成文字显示。语音识别技术飞速发展，已经渗透到人们生活的方方面面，并提供了极大的便利性。

3）人工智能的爆发——深度学习

人工智能革命中涌现出来的语音识别技术，受算法本身的限制，始终无法满足精确度要求很高的场景。而这一切在深度学习算法出现后，发生了天翻地覆的改变。

深度学习的前身是神经网络算法。2006 年之前，神经网络算法同样受制于部分关键问题，其识别精确度和性能同样不能满足高性能要求的场景。但在 2006 年，一位科学家解决了困扰算法多年的负向反馈问题，使得算法的运行效率和识别精确度得到了大幅提升。这种提升带来的效果是显著的，使语言识别、计算机视觉、自动驾驶、数据挖掘、机器翻译等领域发生了天翻地覆的变化。

深度学习自 2006 年提出后就受到社会各界的关注。谷歌研究院和微软研究院的研究人员在 2011 年将深度学习应用到语音识别，使识别错误率下降了 20%～30%。2012 年，在图片分类比赛 Image Net 中，使用传统算法的谷歌团队被使用深度学习算法的创新团队所击败，深度学习的应用，使得图片识别错误率下降了 14%，这在当时是非常惊人的提升。同年谷歌和斯坦福大学联合主导的 Google Brain 项目，利用深度学习技术，在图像和语音识别、互联网海量搜索等领域大获成功。如今深度学习技术已经在图像、语音、自然语言处理、大数据特征提取、自动驾驶等方面获得广泛的应用。深度学习算法示意图如图 5.1.5 所示。

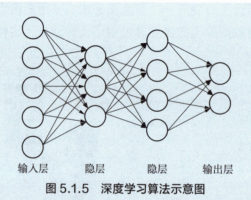

输入层　　隐层　　隐层　　输出层
图 5.1.5　深度学习算法示意图

在深度学习技术出现后，现代人工智能的核心就已经演变为三大技术的结合：一是以深度学习为核心的算法的演进；二是计算机处理能力的提高，能高效支撑算法来识别文字、语音和图像等；三是互联网技术的发展，产生广泛海量的数据，作为深度学习模型的训练数据。

以下为深度学习的两个典型应用。

第一个应用是对模糊人脸图像的辨别和处理。2017 年，Google Brain 的研究者训练了一个深度学习网络，让其根据一些分辨率极低的人脸图像来预测这些面孔真实的样子，如图 5.1.6 所示。

最左边是输入的 8×8 像素的原始影像，最右一列是被拍摄的人脸在照片中的真实效果，中间则是电脑的猜测。可以看到，虽然并不完美，但电脑预估出的结果已经与实际情况十分接近。Google Brain 的研究者将这种方法命名为像素递归超分辨率（Pixel Recursive Super Resolution），用这种方法能显著提升图像的质量。

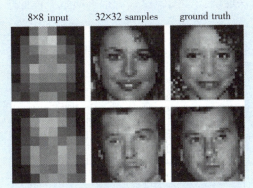

图 5.1.6　深度学习对模糊人脸的还原

　　第二个应用是给图片自动上色。如图 5.1.7 效果所示，左图是拍摄于 1937 年的一名矿工的照片，右图是用 Let there be color 重新自动上色后的效果。可以看出深度学习算法对各个局部特征的颜色分析和判断还是非常贴近实际场景的。

图 5.1.7　旧照片自动上色效果

（3）人工智能的常用技术

1）数字图像处理技术

　　数字图像处理技术是指将图像信号转换成二进制的数字信号并利用计算机对其进行处理的过程。数字图像处理最开始出现于 20 世纪 50 年代，在图像处理的过程中，图像被分割成像素块，然后用承载处理算法的软件对图像数据进行一系列的运算和操作。常用的图像处理方法有图像增强、复原、编码、压缩、模式匹配与分类、聚类等。

　　数字图像处理是利用计算机软硬件，对待处理数字图像进行去噪、修复、加强、区域识别和划分、特征提取及模式识别等处理的一种技术，其中以图像模式识别为核心。这类技术的产生和迅速发展，得益于计算机硬件的飞速发展、计算机软件算法的不断进步（特别是深度学习算法的完善），以及在国民经济中各行各业（如农业、牧业、林业、军事、工业和医学等领域）对图像模式识别需求的快速增长，图像模式识别的典型流程如图 5.1.8 所示。

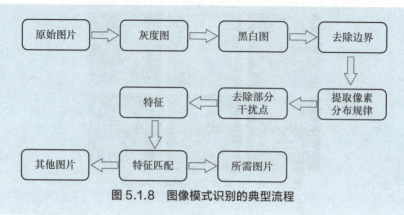

图 5.1.8　图像模式识别的典型流程

20 世纪 20 年代，人们把数字增强技术应用到了英美两国间远距离电缆里传送的图片质量修复上，取得了一定效果。到了 20 世纪 50 年代，计算机软硬件水平发展到一定高度后，数字图像处理技术才真正引起了社会各界的关注。

1964 年，美国科学家在处理"徘徊者七号"太空船拍摄的月球照片时，采用了如修复、增强等技术，获得了较好的效果（图 5.1.9）。受此影响，在后续的若干年内，数字图像处理技术不断发展，在研究者的不断努力下，成为一门新兴的学科。

图 5.1.9　经修正后的月球照片

20 世纪 70 年代，数字图像处理技术进一步飞速发展，其知识框架不断完善，各类算法层出不穷，在社会生产和生活中的应用也进一步扩大。在此期间，类似于 OCR 识别、医学图像分析、卫星遥感图像处理等技术，已经开始迈向成熟。由于生产应用对图像处理的精度和速度提出了更高的要求，这也就更加促进了技术的发展。

近年来，随着科学技术的迅速发展，数字图像处理技术已经越来越多地应用到了如医学、航空航天、交通、军事等领域。数字图像处理技术已经从学科研究内容转变为了产业中频频使用的常用技术。以图像模式识别为核心的数字图像处理技术，已经进入到了社会生活的各方面，例如随处可见的二维码付款（图 5.1.10），就是采用基于数字图像处理的条形码识别算法，对用手机摄像头采集到的条形码图像进行处理和识别。

图 5.1.10　扫描二维码付款

另外，如物流领域内对电话号码的扫描录入，就是基于人工智能的数字图像识别技术，同时，航空航天内的遥感图像处理、工业领域的 X 光探伤图像处理等无不利用了数字图像的模式识别技术。

2）语音识别技术

语音识别技术也被称为自动语音识别（Automatic Speech Recognition，ASR），是将人类的声音信号转化为文字或者指令的过程，也就是将人类语音中的词汇内容转换为计算机可读的输入，例如按键、二进制编码或者字符序列。

语音识别技术是让机器通过识别把语音信号转变为文本，进而通过理解转变为指令的技术。目的就是给机器赋予人的听觉特性，听懂人类语言，并做出相应的行为。语音识别系统通常由声学识别模型和语言理解模型两部分组成，分别对应语音到音节和音节到字的计算。一个连续语音识别系统大致包含信号预处理和特征提取、声学模型、语言模型和模式匹配四个部分组成，其结构如图 5.1.11 所示。

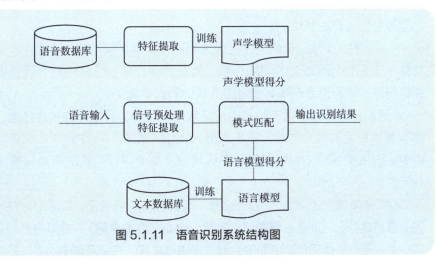

图 5.1.11　语音识别系统结构图

　　语音识别系统在收到语音输入信号后，需要对信号进行预加重、加窗、分帧、端点检测等前期处理，将语音信号数字化，对语音经过预处理后，需要对其进行特征提取，即获得能够反映出该语音信号特征的参数，在此基础上建立语音识别所需的模板。通过训练把特征参数处理后的每个信息存储到声学模型库中，语音识别匹配时将加入的信号特征与模型库中的特征按照某一算法或策略进行匹配比对，获得最佳的匹配，得出最终识别结果。

　　3）自然语言处理

　　自然语言处理是一门综合性学科，研究的是如何让人与机器之间用自然语言进行有效沟通。其核心在于研发有效实现自然语言通信的人工智能算法，因此是计算机科学的一部分。

　　自然语言的发展大致可以分为 4 个阶段，分别是：

　　▶ 萌芽期：1956 年以前，可以看作自然语言处理的基础研究阶段。

　　▶ 快速发展期：1957—1970 年，自然语言处理在这一时期很快融入了人工智能的研究领域中。

　　▶ 低速发展期：1971—1993 年，随着研究的深入，研究者发现自然语言处理的应用难点短时间无法解决，不断有应用层面的问题出现。

　　▶ 复苏融合期：1994 年至今，随着深度学习技术的发展，其对大量未知样本的学习能力从根本上解决了过去困扰的诸多问题，极大地促进了自然语言处理的研究。

　　自然语言常用处理技术主要有如下几种：

　　▶ 词汇边界分析：日常会话中，词汇与词汇之间是连续说出的。而界定词汇边界，一般采用的方法是选用在阅读上最为通顺且无语法错误的词汇组合。不管是英文还是中文，在书写上都存在大量的连续词汇。

　　▶ 语义消歧：多义词是中英文中的常见情况。必须根据上下文，选出使整体意思最为通顺的解释。

　　▶ 句法的多义性：自然语言的语法规则往往也是模糊的。比如，不同的人对同一个语句，可能有不同的理解。而在实际计算机分析中，必须依据前后文的信息，才能综合理解其在对应情景中的真实含义。

　　▶ 问题输入：地方语言的特点会导致同一个含义有不同的表达方式，甚至是字面意思差别很大的词，在不同的方言中可能是同一个意思。此外，拼写错误、语法错误以及光学识别错误等情况，也会导致系统的自然语言输入存在问题。

　　▶ 特殊情境的上下文："言外之意"是我们常说的成语。实际上，在一个普通的语言之外，可能蕴含着更深的寓意。比如"你觉得呢？"看似为疑问句，但实际上这是一个反问句，里面包含着"本来就这样，你还不同意么！"的意思。

5.1.7 量子技术

（1）量子特性

量子（Quantum）属于一个微观的物理概念。如果一个物理量存在最小的不可分割的基本单位，那么称这个物理量是可量子化的，并把物理量的基本单位称为量子。现代物理中，将微观世界中所有的不可分割的微观粒子（光子、电子、原子等）或其状态等物理量统称为量子。

作为一种微观粒子，量子具有许多特别的基本特性。

1）量子测不准

也称为不确定性原理，即观察者不可能同时知道一个粒子的位置和它的速度，粒子总是以一定的概率存在于不同的地方，而对未知状态系统的每一次测量都必将改变系统原来的状态。也就是说，测量后的粒子相比于测量之前，必然会产生变化。

2）量子不可克隆

量子不可克隆原理，即一个未知的量子态不能被完全地克隆。在量子力学中，不存在这样一个物理过程：实现对一个未知量子态的精确复制，使得每个复制态与初始量子态完全相同。

3）量子不可区分

量子不可区分原理，即不可能同时精确测量两个非正交量子态。事实上，由于非正交量子态具有不可区分性，无论采用何种测量方法，测量结果都会有错误。

4）量子态叠加性

量子状态可以叠加，因此量子信息也是可以叠加的。这是量子计算中实现并行计算的重要基础，即可以同时输入和操作 N 个量子比特的叠加态。

5）量子态纠缠性

两个及以上的量子在特定的环境（温度、磁场）下可以处于较稳定的量子纠缠状态，基于这种纠缠，某个粒子的作用将会瞬时地影响另一个粒子。爱因斯坦称其为"幽灵般的超距作用"。

6）量子态相干性

量子力学中微观粒子间的相互叠加作用能产生类似经典力学中光的干涉现象。

巧妙地利用量子态的叠加性质和量子纠缠现象可以在通信、信息处理、能源、生物学等许多领域内突破传统技术的极限。现在，量子技术已经成为一个新兴的、快速发展中的技术领域。其中，量子通信、量子计算、量子成像、量子测度学和量子生物学是目前取得进展较大的几个方向。

（2）量子技术

量子技术是基于量子力学原理来结合工程学中的控制论、计算机科学、电子学方法等来实现对量子系统有效控制。开展量子技术的研究一方面将有助于人们在更深层次上认识量子物理的基础科学问题，极大地拓宽量子力学的研究方向，另一方面也有力推动实验室技术向产业化的应用。在过去的二十年中，量子技术取得了巨大进步，已从量子物理研究的实验逐步走向跨学科的产业化应用。

目前的量子技术主要应用于量子通信和量子计算两个领域。

1）量子通信

量子通信是指利用量子态实现信息的编码、传输、处理和解码，特别是利用量子态（单光子态和纠缠态）实现量子密钥的分配。

量子通信与传统通信技术相比，主要具有如下特点和优势：

▶ 时效性高：量子通信的线路时延近乎为零，量子信道的信息效率相对于经典信道量子的信息效率高几十倍，传输速度快。

▶ 抗干扰性能强：量子通信中的信息传输不通过传统信道（如传统移动通信为了使得通信不被干扰，需要约定好频率，而量子通信不需要考虑这些因素），与通信双方之间的传播媒介无关，不受空间环境的影响，具有完好的抗干扰性能。

▶ 保密性能好：根据量子不可克隆定理，量子信息一经检测就会产生不可还原的改变，如果量子信息在传输中途被窃取，接收者必定能发现。

▶ 隐蔽性能好：量子通信没有电磁辐射，第三方无法进行无线监听或探测。

▶ 应用广泛：量子通信与传播媒介无关，传输不会被任何障碍阻隔，量子隐形传态通信还能穿越大气层。因此，量子通信应用广泛，既可在太空中通信，又可在海底通信，还可在光纤等介质中通信。

2）量子计算

利用多比特系统量子态的叠加性质，设计合理的量子并行算法，并通过合适的物理体系加以实现（通用量子计算）。

量子计算被认为是第四次工业革命的引擎，目前，科学界普遍认为，第四次工业革命将会在核聚变、量子技术、5G、人工智能、基因工程这五者之中诞生。

目前，经典计算机的发展已经陷入瓶颈，随着晶体管体积不断缩小，计算机可容纳的元器件数量越来越多，产生的热量也随之增多。其次，随着元器件体积变小，电子会穿过元器件，发生量子隧穿效应，这导致了经典计算机的比特开始变得不稳定。

科学家认为量子计算机可以突破目前的困境，量子计算是一类遵循量子力学规律进行高速数学和逻辑运算、存储及处理量子信息的计算模式。当某个装置处理和计算的是量子信息，运行的是量子算法时，它就是量子计算机。

传统计算机每比特非 0 即 1，而在量子计算机中，量子比特因为量子叠加的特性，可以处于既是 0 又是 1 的量子叠加态，这使得量子计算机具备传统计算机无法想象的超级计算能力。

2021 年 11 月，中国科学技术大学潘建伟院士领导的量子计算机研发团队完成的"祖冲之二号"和"九章二号"两项科研成果同时发表在国际学术期刊《物理评论快报》上。"祖冲之二号"构建了 66 比特可编程超导量子计算原型机，实现了对"量子随机线路取样"任务的快速求解；"九章二号"则再次刷新了国际上光量子操纵的技术水平，处理特定问题的速度远超于经典超级计算机，进一步提供了量子计算加速的实验证据。著名量子物理学家、加拿大卡尔加里大学教授 Barry Sanders 撰写长篇评述文章，称该工作是"令人激动的实验杰作""令人印象深刻的最前沿的进步"。中国是目前世界上唯一在超导量子和光量子两种物理体系达到"量子计算优越性"里程碑的国家。

5.1.8　区块链技术

（1）什么是区块链

区块链是一种按照时间顺序将数据区块以顺序相连的方式组合成的一种链式数据结构，并以密码学方式保障的不可篡改和不可伪造的分布式账本。在数据记录的过程中，数据会被打包到一起，形成一个个数据块，打包好的数据被称为"区块"，将每个区块按照时间顺序连在一起，就形成了链式的网络，整个网络都是由"区块"和"链"构成的，所以创始人就给它起名为Blockchain，翻译成中文就叫区块链。

区块链的实质是人人都可以参与记账的大账本，每个人还有一个小账本，可以将大账本的数据备份出来，当一笔交易数据产生后，会有人将这笔数据进行处理，然后同步到每个人的小账本中交给大家进行确认。其中，大部分的人认为这个数据是真实可信的时候，这笔数据才会记录到区块链网络的账本中，所有人再去同步更新数据，这个机制的好处是解决了信任的问题。在区块链世界中，只要有人想要修改数据，就会跟其他小账本所记录的数据产生冲突，很快就会被人发现，从而保证了数据安全问题和信任问题。

（2）区块链的特征

区块链的主要特征有去中心化、开放性、自治性、信息不可篡改、匿名性等特征。

1）去中心化

由于区块链使用分布式核算和存储，不存在中心化的硬件或管理机构，任意节点的权利和义务都是均等的，系统中的数据块由整个系统中具有维护功能的节点来共同维护。去中心化保证了每个节点是平等的，也确保了数据的保密性和不可丢失。

2）开放性

开放性是指区块链系统是开放的，除了对交易各方的私有信息进行加密，区块链数据对所有人公开，任何人都能通过公开的接口，对区块链数据进行查询，并能开发相关应用，整个系统的信息高度透明。

3）自治性

区块链的自治性特征建立在规范和协议的基础上。区块链采用基于协商一致的规范和协议（如公开透明的算法），使系统中的所有节点都能在去信任的环境中自由安全地交换数据，让对"人"的信任改成对机器的信任，任何人为的干预都无法发挥作用。

4）信息不可篡改

信息不可篡改即一旦信息经过验证并添加到区块链，就会被永久地存储起来，除非同时控制系统中超过51%的节点，否则单个节点上对数据库的修改是无效的。正因为此，区块链数据的稳定性和可靠性都非常高，区块链技术从根本上改变了中心化的信用创建方式，通过数学原理而非中心化信用机构来低成本地建立信用，出生证、房产证、婚姻证等都可以在区块链上进行公证，拥有全球性的中心节点，变成全球都信任的东西。

5）匿名性

匿名性是指节点之间的交换遵循固定算法，其数据交互是无须信任的，交易对手不用通过公开身份的方式让对方对自己产生信任，有利于信用的累积。

（3）区块链的核心技术

区块链要达成上面所讲的特征，必须有相应的技术提供保证。区块链的核心技术主要有分布式账本、共识机制、智能合约和密码学。

1）分布式账本

分布式账本指的是交易记账由分布在不同地方的多个节点共同完成，而且每一个节点记录的是完整的账目，因此它们都可以参与监督交易合法性，同时也可以共同为其作证。

跟传统的分布式存储有所不同，区块链的分布式存储的独特性主要体现在两个方面：一是区块链每个节点都按照块链式结构存储完整的数据，传统分布式存储一般是将数据按照一定的规则分成多份进行存储；二是区块链每个节点存储都是独立的、地位等同的，依靠共识机制保证存储的一致性，而传统分布式存储一般是通过中心节点往其他备份节点同步数据。没有任何一个节点可以单独记录账本数据，从而避免了单一记账人被控制或者被贿赂而记假账的可能性。也由于记账节点足够多，理论上来说除非所有的节点被破坏，否则账目就不会丢失，从而保证了账本的安全性。

2）共识机制

共识机制就是所有记账节点之间达成共识，去认定一个记录的有效性，这既是认定的手段，也是防止篡改的手段。

区块链的共识机制具备"少数服从多数"以及"人人平等"的特点，其中"少数服从多数"并不完全指节点个数，也可以是计算能力、股权数或者其他的计算机可以比较的特征量。"人人平等"是当节点满足条件时，所有节点都有权优先提出共识结果，直接被其他节点认同，并最后有可能成为最终共识结果。以比特币为例，采用的是工作量证明，只有在控制了全网超过51% 的记账节点的情况下，才有可能伪造出一条不存在的记录。当加入区块链的节点足够多的时候，这基本上不可能实现，从而杜绝了造假的可能。

3）智能合约

智能合约是基于这些可信的不可篡改的数据，以及提前定义好的规则，人人遵守，让机器自动执行一些预先定义好的规则和条款。

4）非对称加密

存储在区块链上的交易信息是公开的，但是账户身份信息是高度加密的，只有在数据拥有者授权的情况下才能访问到，从而保证了数据的安全和个人的隐私。

这样由分布式账本确保人人可以参与记录数据，实现去中心化；共识机制采用"数据记账权"的方式，确保数据一致性；智能合约制定规则，人人遵守，机器自动执行；密码学实现数据加解密并在网络中实现身份认证，从而实现区块链的完整特性。

（4）区块链的类型

区块链可以分为公有区块链、联盟区块链和私有区块链三种类型。

1）公有区块链

公有区块链是指世界上任何个体或者团体都可以发送交易，且交易能够获得该区块链的有效确认，任何人都可以参与其共识过程。公有区块链是最早的区块链，也是应用最广泛的区块链，各大比特币系列的虚拟数字货币均基于公有区块链，世界上有且仅有一条该币种对应的区块链。

2）联盟区块链

联盟区块链也称联合区块链、行业区块链，是由某个群体内部指定多个预选的节点为记账人，每个块的生成由所有的预选节点共同决定（预选节点参与共识过程），其他接入节点可以参与交易，但不过问记账过程（本质上还是托管记账，只是变成分布式记账，预选节点的多少，如何决定每个块的记账者成为该区块链的主要风险点），其他任何人可以通过该区块链开放的 API 进行限定查询。

3）私有区块链

私有区块链是仅仅使用区块链的总账技术进行记账，可以是一个公司，也可以是个人，独享该区块链的写入权限，本链与其他的分布式存储方案没有太大区别。

（5）区块链的应用场景

区块链作为一种底层协议或技术方案可以有效地解决信任问题，实现价值的自由传递，在数字货币、金融资产交易结算、数字政务、存证防伪、数据服务等领域具有广阔前景。

1）数字货币

在经历了实物、贵金属、纸钞等形态后，数字货币已经成为数字经济时代的发展方向。相比实体货币，数字货币具有易携带存储、低流通成本、使用便利、易于防伪和管理、打破地域限制、能更好整合等特点。

比特币在技术上实现了无需第三方中转或仲裁，交易双方可以直接相互转账的电子现金系统。2019 年 6 月互联网巨头 Facebook 也发布了其加密货币天秤币白皮书。无论是比特币还是天秤币其依托的底层技术正是区块链技术。

我国早在 2014 年就开始了央行数字货币的研究。我国的数字货币 DC/EP 采取双层运营体系：央行不直接向社会公众发放数字货币，而是由央行把数字货币兑付给各个商业银行或其他合法运营机构，再由这些机构兑换给社会公众供其使用。2019 年 8 月初，央行召开下半年工作电视会议，会议要求加快推进国家法定数字货币研发步伐。

2）金融资产交易结算

区块链技术天然具有金融属性，它正使金融业产生颠覆式变革。支付结算方面，在区块链分布式账本体系下，市场多个参与者共同维护并实时同步一份"总账"，短短几分钟内就可以完成现在两三天才能完成的支付、清算、结算任务，降低了跨行跨境交易的复杂性和成本。同时，区块链的底层加密技术保证了参与者无法篡改账本，确保交易记录透明安全，监管部门方便追踪链上交易，快速定位高风险资金流向。证券发行交易方面，传统股票发行流程长、成本高、环节复杂，区块链技术能够弱化承销机构作用，帮助各方建立快速准确的信息交互共享通道，发行人通过智能合约自行办理发行，监管部门统一审查核对，投资者也可以绕过中介机构进行直接操作。数字票据和供应链金融方面，区块链技术可以有效解决中小企业融资难问题。目前的供应链金融很难惠及产业链上游的中小企业，因为他们跟核心企业往往没有直接贸易往来，金融机构难以评估其信用资质。基于区块链技术，我们可以建立一种联盟链网络，涵盖核心企业、上下游供应商、金融机构等，核心企业发放应收账款凭证给其供应商，票据数字化上链后可在供应商之间流转，每一级供应商可凭数字票据证明实现对应额度的融资。

3）数字政务

区块链可以让数据跑起来，大大精简办事流程。区块链的分布式技术可以让政府部门集中到一个链上，所有办事流程交付智能合约，办事人只要在一个部门通过身份认证以及电子签章，智能合约就可以自动处理并流转，按顺序完成后续所有审批和签章。区块链发票是国内区块链技术最早落地的应用。税务部门推出区块链电子发票"税链"平台，税务部门、开票方、受票方通过独一无二的数字身份加入"税链"网络，真正实现"交易即开票""开票即报销"——秒级开票、分钟级报销入账，大幅降低了税收征管成本，有效解决数据篡改、一票多报、偷税漏税等问题。扶贫是区块链技术的另一个落地应用。利用区块链技术的公开透明、可溯源、不可篡改等特性，实现扶贫资金的透明使用、精准投放和高效管理。

4）存证防伪

区块链可以通过哈希时间戳证明某个文件或者数字内容在特定时间的存在，加之其公开、不可篡改、可溯源等特性为司法鉴定、身份证明、产权保护、防伪溯源等提供了完美解决方案。在知识产权领域，通过区块链技术的数字签名和链上存证可以对文字、图片、音视频等进行确权，通过智能合约创建执行交易，让创作者重掌定价权，实时保全数据形成证据链，同时覆盖确权、交易和维权三大场景。在防伪溯源领域，通过供应链跟踪技术，区块链可以被广泛应用于食品医药、农产品、酒类、奢侈品等各领域。

5）数据服务

区块链技术将大大优化现有的大数据应用，在数据流通和共享上发挥巨大作用。未来互联网、人工智能、物联网都将产生海量数据，现有中心化数据存储（计算模式）将面临巨大挑战，基于区块链技术的边缘存储（计算）有望成为未来的解决方案。区块链中数据的不可篡改和可追溯机制保证了数据的真实性和高质量，这成为大数据、深度学习、人工智能等一切数据应用的基础。区块链可以在保护数据隐私的前提下实现多方协作的数据计算，有望解决"数据垄断"和"数据孤岛"问题，实现数据流通价值。

针对当前的区块链发展阶段，为了满足一般商业用户区块链开发和应用需求，众多传统云服务商开始部署自己的 BaaS（区块链即服务）解决方案。区块链与云计算的结合将有效降低企业区块链部署成本，推动区块链应用场景落地。未来区块链技术还会在慈善公益、保险、能源、物流、物联网等诸多领域发挥重要作用。

💬 任务实施

结合课本知识，开展网络调研，加强对新一代信息技术的理解和掌握，并结合生活实际，深刻理解新一代信息技术产业发展趋势：智能、跨界、融合。

任务拓展　学习并了解数字孪生技术

通过网络搜索引擎，搜索"数字孪生"，解答如下问题，对数字孪生技术有初步了解和掌握。

①什么是"数字孪生"？其对应的英文名字是什么？

②数字孪生可以应用在什么场景？在这个名词出现以前，有没有其他哪些类似技术或实现？

③将搜索到的有价值的视频讲解跟同学进行分享。

④试分析一下"数字孪生"与"元宇宙"在概念和技术上的异同。

任务 5.2　新一代信息技术在生活中的应用

💬 任务描述

新一代信息技术表现出融合、跨界发展趋势，云计算技术成为其他技术发展的基础和土壤，大数据技术在"云"的基础上展现出蓬勃生机，并推动物联网技术、人工智能技术的发展，物联网和人工智能技术在各方面都呈现出你中有我、我中有你的融合态势。

💬 任务分析

新一代信息技术就在我们身边，深刻改变着人们的生活、工作、学习习惯，挖掘身边的新一代信息技术，形成一份应用案例。

💬 知识准备

5.2.1　防疫数据统计

大数据在新冠肺炎疫情防控中起到了有目共睹的技术支撑作用，具体表现在：

①大数据为政府正确决策、精准施策提供了科学依据。

这次疫情考验了整个社会的应急能力。政府通过大数据来服务政务决策，使疫情防控部门及时找准工作重点区域、重点人群，展开疫情预研、预判、预警。疫情的区域、病症、规模较早得到识别、评估、界定，供政府正确决策使用。

各职能部门运用大数据技术实时分析采集到的疫情相关的各类数据，对分散性公共数据进行分布式研判处理，防疫指挥部精准地采取切实有效措施，掌握防疫的主动权，提高了各职能部门精准施策能力和处置突发事件的水准。

大数据帮助建立了管理数据众享机制，存储的信息数据公开透明，疫情情况和应对措施通过互联网实时更新，获得了社会公众的信任和理解，缓解了病毒感染者数字上升引起的不安程度，有效释放了自愿居家者的压抑情绪。构建了以人为本、惠及全民的疾病防控保障体系，开启多方协作、共克时艰的社会抗疫新模式、新格局。

②强化了政府对疫情物资生产、筹集、投放的科学管控手段。

大数据技术使相关的医疗企业和职能部门、社区单位、各市场主体联动，及时调配医护人员、建设救治方舱、准备防疫物资，为最大限度控制疫情蔓延提供了人员物资保障，对疫情防控起了关键作用。在部署资源供需匹配、调运调配适时合理上，大数据技术帮助起到物适其需、物尽其用的良好效果。

大数据在防疫中聚合互联网建立全国一盘棋的物资生产、调度平台，根据防疫需要及时组织生产和保障供应，满足医疗机构和社会公众对防疫工作、生活的需要，解决了不少燃眉之急。

③为医疗救治、群防群控、防止疫情蔓延采取有效措施提供了科学数据和手段。

通过大数据和互联网结合，实现对病毒感染者、疑似感染者的准确追踪。各省市和地区之间的相关信息及资料可相互有效利用、整合，在统计分析基础上完成长距离、大范围的筛选并进行线上追踪、收治登记。用分布式处理特点，划定区域防控重点，实行网格化防疫与管理。

大数据具有多源性和广开放性优势。早发现、早隔离要通过数据挖掘才能发挥动态监测作用，成为防控有效手段。而要把病毒感染者或疑似患者第一时间锁定隔离，并对无意识的密切接触人群发现和控制，大数据技术起了较大的作用。

根据以往和现在情况，大数据可以帮助预测新冠肺炎病毒流行的时间和后果。采用定位数据和流动数据比值分析，依据疫苗研发进度，建立防治新冠肺炎病毒的规划。

根据疫情形势，统筹区域内各类型的企业按不同要求和时间复工复产，完善复工返岗人员的健康信息监测，动态掌握企业生产和员工的防疫情况。

5.2.2　智慧医疗

智慧医疗（Wise Information Technology of Med，WITMED），是指通过打造健康档案区域医疗信息平台，利用最先进的物联网技术，实现患者与医务人员、医疗机构、医疗设备之间的互动，逐步达到信息化。

智慧医疗一般由三部分组成，分别为智慧医院系统、区域卫生系统以及家庭健康系统。

①智慧医院系统：由数字医院和提升应用两部分组成。

数字医院包括医院信息系统、实验室信息管理系统、医学影像信息的存储系统、传输系统以及医生工作站五个部分，可实现病人诊疗信息和行政管理信息的收集、存储、处理、提取及数据交换。

医生工作站是指包括门诊和住院诊疗的接诊、检查、诊断、治疗、处方和医疗医嘱、病程记录、会诊、转科、手术、出院、病案生成等全部医疗过程的工作平台。

提升应用包括远程图像传输、大量数据计算处理等技术在数字医院建设过程的应用，实现医疗服务水平的提升。比如远程探视、远程会诊、自动报警、临床决策系统、智慧处方等。

②区域卫生系统：由区域卫生平台和公共卫生系统两部分组成。

区域卫生平台是指包括收集、处理、传输社区、医院、医疗科研机构、卫生监管部门记录的所有信息的区域卫生信息平台，旨在运用尖端的科学和计算机技术，帮助医疗单位以及其他有关组织开展疾病危险度的评价，制订以个人为基础的危险因素干预计划，减少医疗费用支出，以及制定预防和控制疾病的发生和发展的电子健康档案。如社区医疗服务系统、科研机构管理系统等。

公共卫生系统由卫生监督管理系统和疫情发布控制系统组成。

③家庭健康系统。

家庭健康系统是最贴近市民的健康保障系统，包括针对行动不便无法送往医院进行救治的病患的视讯医疗，对慢性病以及老幼病患远程的照护，对智障、残疾、传染病等特殊人群的健康监测，还包括自动提示用药时间、服用禁忌、剩余药量等智能服药系统。

5.2.3　智慧城市

智慧城市概念自 2008 年（以 IBM 首次提出"智慧地球"的时间为参考）提出以来，全国各地加速布局实践，历经多轮迭代演进，正迈入集成融合发展的新时期。

2020 年以来，智慧城市相关技术集成、制度集成、数据融合、场景融合较为活跃，初步呈现出四大发展态势：政策方面，国家系统性整体性布局、各地分级分类推进；技术方面，数字孪生与深度学习技术加速重构智慧城市技术体系；应用方面，应用整合带动数据与业务需求、业务场景的深度融合；实践方面，各级政府加强省市县统筹协同发展，并逐步向基层治理延伸。

从未来发展来看，智慧城市正在技术集成、数据利用、应用形态、可持续运营、安全保障等方面呈现出十大发展趋势。

①决策智能：城市大脑从感知智能向认知智能、决策智能迈进。

②知识重构：跨模态数据融合、全行业知识图谱决定城市智慧。

③数据融合：政府与社会数据融合助力形成城市治理强大合力。

④孪生驱动：数字孪生推动城市要素时空化、集约化治理服务。

⑤敏态发展：疫情推动应用系统快速响应建设韧性城市。

⑥入口融通：城市 App 与移动互联网入口相互依存发展。

⑦以城促产：推动产业现代化、高级化成为智慧城市重要使命。

⑧生态共生：开放生态为智慧城市高质量发展提供土壤。

⑨数据安全：区块链、隐私计算等数据安全技术是运行保障。

⑩长效运营：可持续发展需要技术、数据、人才、资金运营保障。

国内阿里、腾讯、百度、360 等公司积极探索智慧城市建设，已取得一些建设经验。以百度为例，经过多年技术积累和沉淀，初步形成智慧城市建设"三大法宝"，一是基于百度搜索、百度地图等为支撑的数据要素配置能力；二是基于自主芯片、深度学习算法、全行业知识图谱等组成的国际领先的全栈 AI 能力；三是基于飞桨开放平台、AI 人才培训服务、数据标注中心等构建的产业发展赋能体系。百度依托"三大法宝"，发挥海量异构数据汇聚处理、人工智能领域技术积累、产业培育发展和赋能等优势，打造"1 + 1 + 4"智慧城市全景图。

①一个底座筑基：以自主可控的新一代智能政务云为底座。

②一个大脑赋值：搭建"全时空要素立体感知、全流程数据安全共享、全方位 AI 能力共用、全业务系统应用支撑、全场景智能协同指挥"的一体化"城市大脑"，推动城市各领域应用智能化水平提升。

③四类场景牵引：依托"城市大脑"，百度形成了"洞察有深度、治理有精度、兴业有高度、惠民有温度"的"四度"典型应用场景。百度智慧城市全面赋能城市治理能力现代化，有力支撑数字经济高质量发展，大幅提升公共服务智能化水平，有效保障智慧城市可持续运营，驱动城市智能化水平从运算智能、感知智能向认知智能、决策智能演进。

💬 任务要求

新一代信息技术在推动传统产业实现数字化中起着重要作用，深刻改变着社会形态和产业形态，大数据、人工智能、物联网、云计算等技术无不在工农业生产中发挥着重要作用，请检索和调研新一代信息技术在工农业生产中的作用，通过网络搜索、数据收集、知网检索等方式，形成一份应用案例文字文档和一份讲解演示文稿。

项目考核

一、单项选择题

1. 云计算中基础设施即服务是指（　　）。

    A. PaaS   B. IaaS   C. SaaS   D. SECaaS

2. 云计算是对（　　）技术的发展与运用。

    A. 并行计算   B. 网格计算   C. 分布式计算   D. 三个选项都是

3. Internet of Things 指的哪一类新一代信息技术？（　　）

    A. 云计算   B. 大数据   C. 人工智能   D. 物联网

4. 区块链的去中心化特征是由哪项技术来保障的？（　　）

    A. 分布式账本   B. 共识机制   C. 智能合约   D. 密码学

5. 下列有关区块链的描述中，错误的是（　　）。

    A. 区块链采用分布式数据存储

    B. 区块链中数据签名采用对称加密

    C. 区块链中的信息难以篡改，可以追溯

    D. 比特币是区块链的典型应用

6. 在物联网的关键技术中，射频识别（RFID）是一种（　　）。

    A. 信息采集技术   B. 无线传输技术

    C. 自组织组网技术   D. 中间件技术

7. 物联网是随着智能化技术的发展而发展起来的新的技术应用形式，从架构上来讲一般分为感知层、网络层和应用层，其中 RFID 技术一般应用于（　　）。从物联网应用的角度来看，（　　）不属于物联网的应用领域。

（1）A. 感知层　　　　B. 网络层　　　　C. 应用层　　　　D. 展示层

（2）A. 手机钱包　　　B. 安全监控　　　C. 智能家居　　　D. 决策分析

8. 不属于人工智能技术的应用为（　　）。

A. 机器人　　　　B. 自然语言理解　C. 扫码支付　　　D. 图像识别

9. 新一代信息技术包括（　　）。

A. 通信、云计算、大数据、物联网

B. 云计算、大数据、物联网、移动互联

C. 通信、大数据、物联网、移动互联

D. 通信、云计算、大数据、移动互联

10. 智慧城市发展的根本目的是（　　），需要通过完善的服务体制和创新的经济发展模式作为支撑。

A. 提高人民的生活质量　　　　　B. 保护城市的自然环境

C. 促进经济的健康发展　　　　　D. 建立和谐的社会环境

二、多项选择题

1. 云计算按照服务类型大致可分为（　　）。

A. IaaS　　　　　B. PaaS　　　　　C. SaaS　　　　　D. 效用计算

2. 为满足 5G 多样化的应用场景需求，5G 的关键性能指标更加多元化，主要有（　　）。

A. 高速率　　　　B. 低时延　　　　C. 大连接　　　　D. 高功耗

3. 国际标准化组织 3GPP 为 5G 定义了三大业务场景是（　　）。

A. eMBB　　　　　B. mMTC　　　　　C. URLLC　　　　D. URRR

4. 大数据具备哪几项特征？（　　）

A. 数量（Volume）　　　　　　　B. 种类（Variety）

C. 速度（Velocity）　　　　　　D. 价值（Value）

5. 大数据特征描述中正确的是（　　）。

A. 数据体量巨大　　　　　　　　B. 数据类型多

C. 数据增长速度快　　　　　　　D. 数据价值密度大

6. 量子具有哪些特性？（　　）

A. 量子态叠加性　　　　　　　　B. 量子态纠缠性

C. 量子态相干性　　　　　　　　D. 不确定性

7. 区块链的主要特征有（　　）。

A. 去中心化　　　　　　　　　　B. 开放性

C. 自治性　　　　　　　　　　　D. 不可篡改

E. 匿名性

8. 人工智能从诞生以来，理论和技术日益成熟，应用领域也在不断扩大。下列应用中，采用人工智能技术的有（　　）。

    A. 百度机器人　　　　　　　　B. 无人驾驶汽车

    C. 谷歌的 Alpha Go　　　　　　D. 用人脸识别技术寻找失踪儿童

三、简答题

1. 说明云计算的五个基本特征、三个服务模型和四个部署模型分别是什么。

2. 什么是区块链？除了数字货币，区块链还有哪些应用？

3. 为什么说云计算、大数据、人工智能、物联网等新一代信息技术呈现出跨界、融合的发展态势？举例说明。

项目6 信息素养与社会责任

项目概要

伴随着以多媒体和网络为代表的信息技术的飞速发展，人类社会全面进入信息化时代，计算机和网络正在深刻地影响着人们的生产、生活和学习方式。信息素养不仅成为当前评价人才综合素质的一项重要指标，而且将影响信息时代每一个社会成员的基本生存能力。在数字化时代，每个个体的生活、工作无不与信息有关，信息素养与社会责任已成为青年学子必备的关键品格。

项目任务

- 任务 6.1　认识信息素养
- 任务 6.2　培养社会责任感

学习目标

- 了解信息技术的发展历程及重要性。
- 掌握信息素养的主要构成要素。
- 掌握信息伦理知识。

任务 6.1　认识信息素养

💬 任务描述

本任务通过了解信息技术的发展历程来学习信息素养的概念及要素，让学生有效地获取信息，客观地利用信息，从而高效地解决问题。

加强科技向善
引导让企业积极
履行社会责任

💬 任务分析

要提升信息素养，首先要了解信息技术的发展历程，其次要了解信息素养、计算机素养、网络素养和数据素养的基本概念及主要要素，了解这些信息类素养的价值和养成途径。

💬 知识准备

6.1.1　信息素养概述

如今，我们生活在充满信息的世界里，在现代社会中，信息像空气和水一样重要。人们每天通过接收和传递各种各样的信息，来不断认识新事物、学习新知识，同时也通过信息来交流思想、沟通感情。

信息一词在社会生活的各个领域应用非常广泛，已经成为十分流行的名词。素养是形容一个人的行为道德的词语。将两者结合而形成的"信息素养"这一词随着信息技术的不断发展和终身教育日益深入人心。人们开始尝试使用"信息素养"这一词来描述人们对信息查询、定位、利用、综合与评估的能力。起初，"信息素养"的含义多是指查找和运用信息的一种能力，人们通常会这样认为：如果某个人的检索能力强，则此人的信息素养就高。随着形势的发展，"信息素养"的含义慢慢在扩大和丰富。现在"信息素养"通常包含四个方面内容：信息意识、信息能力、信息道德和信息创造。

（1）信息素养概念的提出

当前，数字化浪潮席卷全球，人工智能发展进入新阶段，技术更新持续加速，学生信息素养的提升受到空前重视，成为实现教育现代化、建成教育强国的重要内容。我国《教育信息化 2.0 行动计划》明确提出，要从提升学生信息技术应用能力向全面提升其信息素养转变，推动教育信息化升级。同时，新时期人的自由解放与全面发展也要求学生具备较高的信息素养，以实现信息时代人的个性潜能的发挥和自我价值的提升。

信息素养是一种对信息社会的适应能力，以及利用大量的信息工具及主要信息源使问题得到解答的技能。信息素养概念一经提出，便得到广泛传播和使用。世界各国的研究机构纷纷围绕如何提高信息素养展开了广泛的探索和深入的研究，对信息素养概念的界定、内涵和评价标准等提出了一系列新的见解。

（2）信息素养概念的内涵

美国图书馆协会和美国教育传播与技术协会于 1989 年提交了一份《关于信息素养的总结报告》，提出具有信息素养的人，能够充分认识到何时需要信息，并能有效地检索、评价和利用所需的信息。

通过对信息素养的研究，对信息素养的定义可以归结为三种不同流派的观点，即能力派、工具派和学习派。

▶能力派：具有检索和理解不同信息的能力。把信息素养定义为一种能力，认为能力是信息素养的核心。

▶学习派：具有独立学习的能力。具有信息素养的人是知道如何学习的人。

▶工具派：具有应对和适应信息技术的能力。通常指运用各种信息工具来解决某个特定问题能力的人。

6.1.2 信息素养的主要要素

作为人们适应信息社会生活的必备素养，信息素养的主要要素包含以下四点：

信息素养的主要
要素

（1）信息意识

信息意识是信息素养的前提，信息意识是指对信息的洞察力和敏感程度，体现的是捕捉、分析、判断信息的能力。判断一个人有没有信息素养、有多高的信息素养，首先就要看他是否具有较高的信息意识。

（2）信息知识

信息知识是信息活动的基础，它一方面包括信息基础知识，另一方面包括信息技术知识。信息基础知识主要是指信息的概念、内涵、特征、信息源的类型、特点、组织信息的理论和基本方法、搜索和管理信息的基础知识、分析信息的方法和原则等理论知识；信息技术知识主要是指信息技术的基本常识、信息系统结构及工作原理、信息技术的应用等知识。

（3）信息能力

信息能力是信息素养的保证，也是信息素养最重要的要素。在信息社会中，几乎做任何事都需要信息能力。信息能力是指人们有效利用信息知识、技术和工具来获取信息、分析与处理信息，以及创新和交流信息的能力。它是信息素养最核心的组成部分，主要包括信息知识的获取能力，信息处理与利用能力，信息资源的评价能力，信息的创新能力，如图 6.1.1 所示。

| 信息知识的获取能力 | 信息处理与利用能力 |
| 信息资源的评价能力 | 信息的创新能力 |

图 6.1.1　信息素养主要要素

（4）信息伦理

信息伦理是信息素养的准则，它是指人们在从事信息活动时需要遵守的信息道德准则和需要承担的信息社会责任。信息技术为我们的生活、学习和工作带来改变的同时，个人信息隐私、软件知识产权、网络黑客等问题也层出不穷。一个人的信息素养的高低，与其信息伦理、道德水平的高低密不可分。信息伦理要求我们具有一定的信息意识、知识与能力，遵守信息相关的法律法规，信守信息社会的道德与伦理准则，在现实空间和虚拟空间中遵守公共规范，既能有效维护信息活动中个人的合法权益，又能积极维护他人合法权益和公共信息安全。

6.1.3　信息技术发展史

信息技术发展史

信息技术是应用信息科学的原理和方法，对信息进行采集、处理、传输、存储、表达和使用的技术。从古至今，人类共经历了五次信息技术的重大发展历程。每次信息技术的变革都对人类社会的发展产生了巨大的推动力，如图 6.1.2 所示。

①第一次信息技术革命是语言的产生和使用。语言的使用是人类从猿进化到人的重要标志。语言成为人类进行思想交流和信息传播不可缺少的工具。（时间：发生在距今约 35 000 年—50 000 年前）

②第二次信息技术革命是文字的出现和使用。文字的出现使人类对信息的存储和传播取得了重大突破，较大地超越了时间和地域的限制。（时间：大约在公元前 3 500 年）

③第三次信息技术革命是印刷术的发明和使用。印刷术的发明，使书籍、报刊成为重要的信息储存和传播的媒体，让知识的传播和积累变得更加轻便和高效。（时间：大约在公元 1040 年）

④第四次信息技术革命是电报、电话、广播、电视的发明和普及应用，使人类进入利用电磁波传播信息的时代，让人类的沟通交流进一步突破了时间和空间的限制。（时间：19 世纪中叶到 20 世纪 60 年代）

⑤第五次信息技术革命的标志是电子计算机的普及应用及计算机与现代

通信技术的有机结合，将人类社会推到了数字化时代。（时间：始于 20 世纪
60 年代）

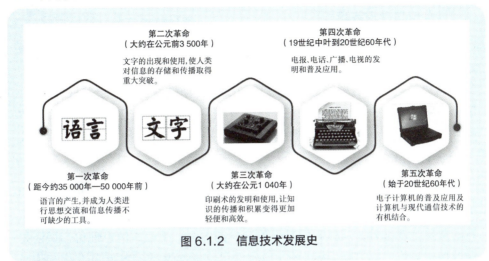

图 6.1.2 信息技术发展史

6.1.4 信息素养教育

所谓信息素养教育，简单地说，就是培养用户信息素养的教育，进一步
剖析，是指对信息用户进行有意识、有目的的普及信息知识、启发其信息意
识、强化其信息能力、规范其信息行为的一种教育活动。其内容涵盖信息知
识、信息意识、信息能力、信息伦理等方面的教育。值得注意的是，信息素
养教育的核心虽然是信息能力教育，但是其并不是一种纯粹的技能教育，而
是培养学生具有适应信息社会的知识结构、继续学习能力、创新能力和评判
性思维能力等，其最终目标是使大学生具有终身学习的能力。对于大学生来
说，在跨入网络时代以后，信息素养更是其整体素质的一部分，是未来信息
社会生活必备的基本能力之一。

在信息时代的背景下，具备怎样的素质才能够适应迅捷多变的数字化生
活？这个需要具备的基本素质就是永远充满对新知识的渴望，并且能够有效
甄别信息，处理数据，积极汲取知识，善于创新思想。而这一基本素质，就
是信息素养。信息素养是一种知识管理能力，能够帮助人们有效查询、选择
与评估数字资源。在信息技术高速发展的时代，公众所具备的信息素养程度，
直接关系到国家在科技应用方面的综合实力。为适应新时代对人才提出的新
要求，当代大学生应该具备较强的信息素养。如何从纷繁的信息中分辨出有
益的信息，如何获取有价值的信息，如何不轻易被虚假信息诓骗，这些都应
当成为大学生在信息社会生存的技能。信息素养作为个人素养的重要组成部
分，也已成为信息社会个人发展的重要素质，影响着个体终身学力和创新的

能力。

具体而言，信息素养教育有以下四个方面的主要内容：

（1）信息意识教育

信息意识是指人的头脑对信息及其规律的既抽象又概括的认识。信息意识是信息素养的重要前提，面对纷繁复杂的信息和不断发展的信息技术，主要表现为对信息具有高度的敏感性和积极的主动性。包括信息获取的意识、信息利用的意识、信息安全意识、信息守法意识，对待信息技术的态度和兴趣等。

（2）信息知识教育

信息知识是指与开展信息获取、利用、评估等活动所需要的知识，包括传统的文化知识、英语知识、信息理论知识、信息技术知识等。作为信息素养的重要组成部分，信息知识是不可缺少的内容。不管是信息理论知识还是信息技术知识，都是以传统文化知识为基础的，如果没有扎实的文化知识基础，不可能具备丰富的信息知识。

（3）信息能力教育

信息能力是信息素养的核心内容和重要的组成部分，主要是指能够得心应手地运用有效的方法，迅速、准确而全面地获取所需信息的能力。它具体包括对信息的认知能力、获取能力、处理能力、利用交流能力等。主要反映在怎样迅速、充分、有效地获取、筛选、存储所需的信息，怎样利用这些信息，更进一步进行信息创新。

（4）信息伦理教育

信息伦理是指调节、制约信息的生产者、传播者和使用者三者之间道德规范的综合，个体在获取、利用、加工和传播信息的过程中必须遵守一定的伦理道德规范，不得危害社会或侵犯他人的合法权益。

信息素养教育的四个主要方面既相互独立，又相互联系，一般来说，信息能力的提升是信息意识增强的结果，同时它又促进信息意识的增强；信息知识的掌握进一步强化了信息意识，同时也是形成信息能力的基本前提；信息能力的提升通常有助于信息伦理的发展，而信息伦理的提高又必然促进信息能力的发展。

6.1.5 信息素养标准

信息素养的标准在不同时期、不同国家之间都存在着较大差异。大数据、人工智能等新兴技术的广泛应用，对个体应具备的信息素养提出了新的要求，也使得信息素养的标准有了一定的变化。

国外的信息素养标准主要有美国的 ACRL 标准、澳洲与新西兰的 ANZIIL 标准以及英国的 SCOUNL 标准。相对国外，国内仍以普适性的信息素养评价标准为主。

国外影响力比较大的信息素养评估标准的对比如表 6.1.1 所示。

表 6.1.1　信息素养评估对比表

标　准	国　家	指　标	具体内容
ACRL	美国	5 大标准 22 条	权威是人为创造的且存在于环境；信息创造需要复杂的过程；信息是有价值的；研究是反复探寻的过程；学术研究过程是交互式对话；检索讲究策略
ANZIIL	澳洲与新西兰	6 个一级、19 个二级	识别信息需求；快速找到信息；评价信息与创造知识；获取信息和管理信息；信息道德
SCOUNL	英国	7 个一级和 17 个二级	识别信息；鉴别信息源；制定信息策略；获取与存储信息；评价并利用信息；信息道德

通过对比这三大标准可以看出，美国在制定 ACRL 标准时，更偏重理论研究，注重人文素质教育的培养，忽视了信息道德方面的研究；澳大利亚和新西兰在制定 ANZIL 标准时，更注重对信息本身的获取到利用整个过程的研究；英国在制定 SCOUNL 标准时，特别强调制定信息策略，可以看出更注重方式方法。其相同之处在于：三大标准都涉及信息意识、信息能力方面，但都没有涉及信息知识层面；ACRL 标准和 SCOUNL 标准同时提到信息策略；ANZIIL 标准和 SCOUNL 标准都涉及信息道德。不同之处在于：ACRL 标准在制定时没有着重强调信息道德，ANZIIL 标准在制定时没有提到讲究信息策略方面，SCOUNL 标准没有涉及人文素养教育方面。由此可以看出，每一套标准都不是完全涵盖信息素养的所有方面，每个国家由于文化背景不同而有所侧重，只有经过技术和时间的反复试验才能不断完善信息素养标准。

相对国外而言，我国目前仍未发布普适性的信息素养评价标准，但是随着信息素养评价标准的重要性日益得到图书情报界和教育界的认同，国家政府、职能部门以及国内一些学者针对我国具体情况探索了构建信息素养标准的思路和方法，并提出了不同的信息素养评价指标体系。其中，2005 年北京高校图书馆学会制定的《北京地区高校信息素养能力指标体系》，是我国唯一一个以学会名义制定和发布的信息素养评价标准。该标准一共 7 项标准，19 个二级指标和 61 个三级指标，具体包括：

▶具备信息素养的学生能够了解信息以及信息素养能力在现代社会中的作用、价值与力量；

▶具备信息素养的学生能够确定所需信息的性质和范围；

▶具备信息素养的学生能够有效地获取所需要的信息；

▶具备信息素养的学生能够正确地评价信息及其信息源，并且把选择的信息融入自身的知识体系中，重构新的知识体系；

▶具备信息素养的学生能够有效地管理、组织与交流信息；

▶具备信息素养的学生作为个体或群体的一员能够有效地利用信息来完成一项具体的任务；

▶具备信息素养的学生了解与信息检索、利用相关的法律、伦理和社会经济问题，能够合理、合法地检索和利用信息。

信息素养标准是一个动态发展的过程。综合国内外信息素养的标准，随着下一代的学习者人机交互方式的更加多元，特别是信息素养知识、技能相关指标予以适时的更新和调整；而在传统测评工具的基础上，也还需要开发多样化的新型测评工具，以精准测量信息素养水平。

任务拓展 元宇宙技术

元宇宙是利用科技手段进行链接与创造的，与现实世界映射和交互的虚拟世界，具备新型社会体系的数字生活空间。与现实世界平行、反作用于现实世界、多种高技术综合，是未来元宇宙的三大特征。

元宇宙本质上是对现实世界的虚拟化、数字化过程，需要对内容生产、经济系统、用户体验以及实体世界内容等进行大量改造。但元宇宙的发展是循序渐进的，是在共享的基础设施、标准及协议的支撑下，由众多工具、平台不断融合、进化而最终成形。它基于扩展现实技术提供沉浸式体验，基于数字孪生技术生成现实世界的镜像，基于区块链技术搭建经济体系，将虚拟世界与现实世界在经济系统、社交系统、身份系统上密切融合，并且允许每个用户进行内容生产和编辑。

（1）元宇宙的特殊属性

元宇宙包含八大要素：身份、朋友、沉浸感、低延迟、多元化、随时随地、经济系统和文明。要素众多，每个要素背后还有复杂的解释，这也恰恰说明这一概念的模糊性。

清华大学新闻学院沈阳教授指出，一方面，现实中缺什么，虚拟世界中就需要补什么；另一方面，人们在虚拟世界里面做的事情，对于真实的世界有没有反哺的作用。然而从人类发展历史看，虚实之间的平衡将会变得越来越困难。

在元宇宙特征与属性的 START 图谱中，北京大学陈刚教授与董浩宇博士梳理并系统界定了元宇宙的五大特征与属性，即：社会与空间属性、科技赋能的超越延伸、人机与人工智能共创、真实感与现实映射性、交易与流通。

元宇宙是利用科技手段进行链接与创造的，与现实世界映射与交互的虚拟世界，具备新型社会体系的数字生活空间。

（2）元宇宙的内涵

元宇宙本质上是对现实世界的虚拟化、数字化过程，需要对内容生产、经济系统、用户体验以及实体世界内容等进行大量改造。但元宇宙的发展是循序渐进的，是在共享的基础设施、标准及协议的支撑下，由众多工具、平台不断融合、进化而最终成形。它基于扩展现实技术提供沉浸式体验，基于数字孪生技术生成现实世界的镜像，基于区块链技术搭建经济体系，将虚拟世界与现实世界在经济系统、社交系统、身份系统上密切融合，并且允许每个用户进行内容生产和编辑。

（3）元宇宙的关键技术

为了让元宇宙体验更加吸引人，很多企业正在使用以下 5 种最新技术来支持元宇宙发展。如图 6.1.3 所示。

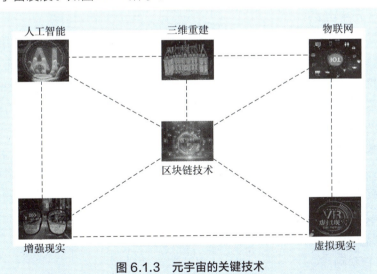

图 6.1.3　元宇宙的关键技术

1）区块链

区块链是一种完全基于安全及其理念而形成的技术。它为数字收藏、价值转移、可访问性和互操作性提供了一个去中心化的透明解决方案。区块链生成的加密货币更安全，使用户可以在 3D 数字世界中工作和社交时更放心地进行价值转移。

对于元宇宙来说，区块链的加密货币可以潜在激励人们在元宇宙中工作。在未来，随着公司工作方式从办公室转向远程，将有更多元宇宙相关的工作产生。

2）增强现实和虚拟现实

增强现实（Augmented Reality, AR）和虚拟现实（Virtual Reality, VR）可以给用户带来生动而私密的 3D 体验，是虚拟世界的出发点。那么，AR 和 VR 之间有什么区别？

AR 技术使用数字视觉组件和角色来改变所看到的现实世界。它比 VR 更易使用，在任何带摄像头的智能手机或数码设备上都可以。通过 AR 应用程序，用户可以从智能数字视觉组件中看到所处环境元素。VR 的工作方式更具有沉浸感。与元宇宙的理念类似，它创造了一个完全虚拟的世界。用户可以通过 VR 头盔、手套和传感器进行体验。

考虑到围绕元宇宙领域的宣传和热度，可以预见会有更多的元宇宙领域的公司资源投入到 AR 和 VR 设备开发中。

3）人工智能

人工智能在日常生活中已经得到了广泛的应用：商务流程安排、驾车导航、面部识别、快捷注册等。目前，人工智能专家一直专注于研究将人工智能应用于元宇宙。

人工智能的一个可能应用就是创造元宇宙象征。人工智能可以用来研究 2D 图像或 3D 图像，从而创建更实用、更精确的象征。为了让元宇宙中的互动更独特，人工智能同样可以用来制作各式各样的外观、发型、服装和功能，从而丰富和完善元宇宙中的所有虚拟化身。

4）三维（3D）重建

虽然这种技术不新鲜了，但在新冠肺炎疫情期间，3D 重建的使用却一直在增加，特别是在房地产领域，因为封控使得可能的客户无法实地看房。一些组织采用 3D 技术来把房产资源虚拟化，从而使客户可以参观虚拟房产，这与我们设想的元宇宙类似，购房者可以在任何地方查看新房子，并在没有亲历的情况下购买。

5）物联网

物联网是一种框架，它将现实世界中的事物通过传感器和设备与互联网联系起来。随着与互联网的结合，这些设备将有一个新的标识符，并能发送或获取自然环境中数据的能力。如今，物联网正在与室内调节器、语音驱动扬声器、临床设备等进行交互，以获取广泛的信息。

物联网在元宇宙中的用途之一就是收集并提供来自现实环境的信息。这有利于在元宇宙中提供更精确的一些信息。

任务 6.2 培养社会责任感

💬 任务描述

本任务主要学习信息意识与信息能力的概念和遵守信息伦理道德的必要性，以及如何做好个人信息保护。

💬 任务分析

要提升信息意识和信息能力，首先要遵守信息伦理道德，其次要熟练掌握做好个人信息保护的方式方法。

💬 知识准备

6.2.1 社会责任简述

《辞海》中对责任的解释为"一、使人担当起某种职务和责任；二、分内应做之事；三、做不好分内应做之事，因而承担的过失。"

社会责任是指个人或组织对社会应负的责任。一个组织应以一种有利于社会的方式进行经营和管理，社会责任通常是指个人或组织承担的高于自己目标的社会义务，它超越了法律与经济对其所要求的义务，社会责任是道德要求，是出于义务的自愿行为。作为新一代大学生，要深刻认知到社会责任是每个人理应尽的义务，具备信息素养对数字化社会建设和国家安全都有着重要的意义。

①提高信息素养是建设数字化社会的重要前提。

数字化贯穿我国社会现代化进程始终，加快释放数字化发展的巨大潜能，以数字化驱动现代化，加快建设数字网络强国。建设数字化国家，重点要培养和提高国民的信息化素养。数字化社会的推进，是以全民的广泛应用为驱动的。如果没有足够的信息化素养，再好的信息技术，再好的网络应用场景，都很难发挥其作用，甚至反而会助长负能量，带来坏影响。

②提高信息素养是维护国家安全的有力保障。

网络虚拟世界与传统现实世界交叉融合，网络安全成为影响政治、经济、文化、社会、国防安全的重大变量，给国家总体安全带来重大影响，成为我国发展稳定大局的重要安全基石。提高信息素养对树立网络安全意识、发展与安全并重理念，提高终端安全意识，养成良好的用网习惯具有重要意义。主动适应"大安全"时代的新要求，全方位提升网络安全综合防护能力，切实维护好国家主权、安全、发展利益。

2021年11月，《中华人民共和国信息保护法》开始正式实施，连同已经实施的《中华人民共和国数据安全法》《中华人民共和国网络安全法》，共同构成了我国在网络安全和数据保护方面的法律"三驾马车"，这标志着国内数字经济发展和治理自此迈入崭新阶段。作为新一代大学生，应当具有对自我的责任意识，这是其社会责任培养中的第一步也是重要的一步，只有明白了自我对于社会的价值，才能更好地服务社会。其次是社会的责任意识，即便学生在学校的时间较长，但终究还是要踏入社会，如何在社会中更好地发挥自己的能力与才干，如何与他人更好地相处，除了要摒弃一种自我意识，也要时常满怀一颗感恩之心。同学们应该做到自觉遵守法律法规，工作生活中能够运用法律保护自己，同时为维护信息社会的和谐秩序出一份力。

③遵守信息相关法律，维持信息社会秩序。

法律是最重要的行为规范系统，信息相关法律凭借国家强制力，对信息行为起强调性调控作用，进而维持信息社会秩序，具体包括规范信息行为、保护信息权利、调整信息关系、稳定信息秩序。

④尊重信息相关道德伦理，恪守信息社会行为规范。

法律是社会发展不可缺少的强制手段，但是信息能够规范的信息活动范围有限，且对于高速发展的信息社会环境而言，每个社会人提高自身素质，进行自我约束必不可少，只有每个人都约束好自我，网络环境才能清明。

6.2.2 信息安全

信息安全主要是指信息被破坏、更改、泄露的可能，其中，破坏涉及的是信息的可用性，更改涉及的是信息的完整性，泄露涉及的是信息的机密性。从范围来看，信息安全既包括国家安全、军事安全等宏观安全问题，也包括商业安全、企业信息泄露、个人信息泄露等方面的微观安全问题。想要了解什么是信息安全，要掌握信息安全的特性。

1）私密性

在加密技术的应用下，网络信息系统能够筛选申请访问的用户，允许有权限的用户访问网络信息，而拒绝无权限用户的访问申请。

2）保密性

在加密、散列函数等多种信息技术的作用下，网络信息系统能有效阻挡非法与垃圾信息，提升整个系统的安全性。

3）可用性

网络信息资源的可用性不仅仅是向终端用户提供有价值的信息资源，还能够在系统遭受破坏时快速恢复信息资源，满足用户的使用需求。

4）授权性

在对网络信息资源进行访问之前，终端用户需要先获取系统的授权。授权能够明确用户的权限，这决定了用户能否对网络信息系统进行访问，是用户进一步操作各项信息数据的前提。

5）认证性

在当前技术条件下，用户能够接受的认证方式主要有实体性认证和数据源认证。之所以要在用户访问网络信息系统前展开认证，是为了确保提供权限的用户和拥有权限的用户为同一对象。

6）抗抵赖性

网络信息系统领域的抗抵赖性，简单来说，任何用户在使用网络信息资源时都会在系统中留下一定痕迹，操作用户无法否认自身在网络上的各项操作，整个操作过程均能够被有效计量，这样能够提升整个网络系统的安全性，营造更好的网络环境。

6.2.3　信息伦理

从狭义上来看，信息伦理是指个体在获得、传播、使用和创造信息的过程中应遵循的道德准则，即各参与主体的信息相关活动及行为应在不违反道德规范、不侵犯他人的合法权益、不危害社会公共安全等前提下发生。从广义上来看，信息伦理是指各参与主体在信息相关活动及行为中的道德情操，并且能够合理、合情、合法地利用信息产生价值，或者使用信息来解决个体和组织的特点问题。因此，针对信息社会中的参与主体，我们要懂得如何防范计算机病毒及其他信息犯罪活动，最终更好地遵守相关的信息伦理道德规范。

信息伦理道德又称为信息道德伦理，是指在信息的采集、加工、存储、传播和利用等信息活动各个环节中，用来规范其间产生的各种社会关系的道德伦理意识、道德伦理规范和道德伦理行为的总和。它通过社会舆论、传统习俗，使人们形成一定的信念、价值观和习惯，从而使人们自觉地通过自己的判断来规范自己的信息行为。还有学者将信息道德归纳为是调整个人与个人之间以及个人和社会之间信息关系的行为规范的总和。

信息伦理道德有以下四个特点，如图 6.2.1 所示。

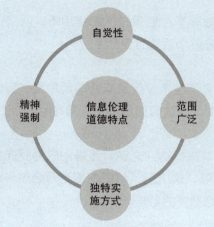

图 6.2.1　信息伦理道德的特点

1）信息道德的自觉性

信息道德不是由国家制定的，而是在长期的生活中依靠社会舆论和内心的信念，或是在国家政府的长期宣传教育下自觉形成的。

2）信息道德作用的范围十分广泛

信息道德不依靠国家的强制力执行，而是依靠社会舆论的力量、人们的信念和习惯、传统和教育的力量来维持，涵盖信息事业的各个层次和环节以及社会生活的各个领域，有着最普遍的约束力量。可以说，凡是信息法律能够调节的，信息道德也能调节，而信息法律不能调节的，信息道德也能调节。

3）独特的实施方式

信息道德的实施表现为：主观的、在每个人内心发生的自我反省，或者客观的、从外部可以观察到的主要通过舆论调整的行为现象，或者凝结于物的以戒律、警句、格言或理论、学说等形式表现出来的实施方式。它不具备任何强制力，违反了信息道德，通常只会受到社会舆论的谴责和自己内心信念的责备，而不会有任何强制性的制裁手段。

4）信息道德是一种精神上的强制

与信息法律依靠国家机器作为后盾的强制力及暴力性调节方式不同，信息道德对人们行为方式的调节是通过社会舆论的评价及人们的良知来完成的，这种调节能够给人一种精神上的压力，迫使其不得不遵守。与信息法律的短期效果相比，信息道德的这种调节方式对人们精神的影响是深远的，能够取得长期、持久的效果。这也是当前"以德治因"所追求的精神境界。

6.2.4　个人信息保护

个人信息是以电子或者其他方式记录的与已识别或者可识别的自然人有

关的各种信息，不包括匿名化处理后的信息。

个人信息的处理包括个人信息的收集、存储、使用、加工、传输、提供、公开、删除等。敏感个人信息是指一旦泄露或者被非法使用，容易导致自然人的人格尊严受到侵害或者人身、财产安全受到危害的个人信息，包括生物识别、宗教信仰、特定身份、医疗健康、金融账户、行踪轨迹等信息，以及不满十四周岁未成年人的个人信息。

为了保护好个人信息，第十三届全国人大常委会第三十次会议表决通过《中华人民共和国个人信息保护法》（以下简称《个人信息保护法》），自 2021 年 11 月 1 日起施行。其中明确：①通过自动化决策方式向个人进行信息推送、商业营销，应提供不针对其个人特征的选项或提供便捷的拒绝方式；②处理生物识别、医疗健康、金融账户、行踪轨迹等敏感个人信息，应取得个人的单独同意；③对违法处理个人信息的应用程序，责令暂停或者终止提供服务。

1）《个人信息保护法》的立法背景

当客观上出现了某种新的社会活动领域或具有新内容的社会活动，以至国家法律按照一定的宗旨对该活动进行统一调整的时候，相关法律法规的结合体就会形成新的法律。即是《个人信息保护法》应运而生。

随着信息化与经济社会持续深度融合，网络已成为生产生活的新空间、经济发展的新引擎、交流合作的新纽带。截至 2020 年 12 月，我国互联网用户已达 9.89 亿，互联网网站超过 443 万个，应用程序数量超过 345 万个，个人信息的收集、使用更为广泛。

虽然近年来我国个人信息保护力度不断加大，但在现实生活中，一些企业、机构甚至个人，从商业利益等出发，随意收集、违法获取、过度使用、非法买卖个人信息，利用个人信息侵扰人民群众生活安宁、危害人民群众生命健康和财产安全等问题仍十分突出。从 2020 年中信银行泄露某脱口秀演员个人信息案件以及各大平台的"大数据杀熟"、网络爆出的各种个人隐私泄露事件，似乎在告诉我们一个不大愿意相信但确实已经存在了的事实：经营者在数字技术上应用得更加专业、纯熟，消费者就越发处于弱势地位，个人隐私已成为经营者手中用于交换利益的廉价或免费的筹码。

2）《个人信息保护法》的结构

《个人信息保护法》全文涵盖了八章，七十四条内容。分别为总则、个人信息处理规则、个人信息跨境提供的规则、个人在个人信息处理活动中的权利、个人信息处理者的义务、履行个人信息保护职责的部门、法律责任和附则。

第一章　总则（12 条）

第二章　个人信息处理规则（25 条）

第三章　个人信息跨境提供的规则（6 条）

第四章　个人在个人信息处理活动中的权利（7条）

第五章　个人信息处理者的义务（9条）

第六章　履行个人信息保护职责的部门（6条）

第七章　法律责任（6条）

第八章　附则（3条）

3）《个人信息保护法》要点解读

①"规范个人信息处理活动"是《个人信息保护法》的核心。

目前，在各类《个人信息保护法》的解读文章中，大多在谈论个人信息保护的内容，很少涉及如何促进个人信息合理利用。实质上，《个人信息保护法》的立法目的不仅仅是"保护"个人信息，而是"保护"和"利用"同步推进。

《个人信息保护法》第一条规定："为了保护个人信息权益，规范个人信息处理活动，促进个人信息合理利用，根据宪法，制定本法。"从《个人信息保护法》的立法目的看，《个人信息保护法》的实质是一部"个人信息处理活动行为规范法"，个人信息保护的真正立法目的有两个，一个是"保护个人信息权益"，另一个是"促进个人信息合理利用"，其中"规范个人信息处理活动"处于整个《个人信息保护法》的核心地位，只有夯实"规范个人信息处理活动"这个关键环节，才能确保实现保护个人信息权益和促进个人信息合理利用的目的。

②个人信息的内涵与匿名化。

《个人信息保护法》第四条第一款明确了"个人信息"的定义："个人信息是以电子或者其他方式记录的与已识别或者可识别的自然人有关的各种信息，不包括匿名化处理后的信息。"该定义与《网络安全法》《民法典》以及最高人民法院、最高人民检察院《关于办理侵犯公民个人信息刑事案件适用法律若干问题的解释》中的"个人信息"定义在基本概念上保持了一致，强调了"已识别或者可识别的自然人信息"，但在内涵上却有很大的不同。《个人信息保护法》中的"个人信息"定义增加了"不包括匿名化处理后的信息"，明确了"个人信息"经匿名化处理后不属于个人信息，也就无须适用《个人信息保护法》的相关规定，体现了《个人信息保护法》的"保护"和"利用"并重。

《个人信息保护法》第七十三条（四）将"匿名化"定义为："是指个人信息经过处理无法识别特定自然人且不能复原的过程。"该定义中的"不能复原"主要采取了两种方法：一是删除个人信息包含的个人描述部分，包括将描述部分替换为其他描述部分，或者使用具有不可恢复的方法等；二是删除所述个人信息中所包含的全部标识符，包括将标识符替换为其他描述部分，或者使用具有不可恢复的方法等。

③个人信息保护法的域外效力。

在数字化、智能化和网络化的时代，数据正在以前所未有的方式自由流动和跨境传输，因此个人信息保护立法仅有域内效力的规定根本无法充分保护本国公民的个人信息。2018 年生效的欧盟 GDPR 率先确立了个人数据保护的域外效力，目前已有多个国家的《个人信息保护法》借鉴了 GDPR 域外效力的立法实践，我国的《个人信息保护法》也反映了国际个人信息保护的域外效力趋势。

我国《个人信息保护法》第三条第二款规定，在中华人民共和国境外处理中华人民共和国境内自然人个人信息的活动，有下列三种情形之一的，也适用《个人信息保护法》：一是"以向境内自然人提供产品或者服务为目的"，比如一家位于美国运营的电子商务网站向中国境内的自然人（包括本国人、外国人和无国籍人）提供产品或服务；二是"分析、评估境内自然人的行为"，比如一家位于境外的社交网站分析、评估中国境内自然人的行为，像全球最大的社交网站 Facebook，每年发布专门的用户行为习惯研究分析报告；三是法律、行政法规规定的其他情形，如《中华人民共和国数据安全法》第二条第二款明确规定"在中华人民共和国境外开展数据处理活动，损害中华人民共和国国家安全、公共利益或者公民、组织合法权益的，依法追究法律责任"。

④个人信息处理的核心原则。

《个人信息保护法》总则部分确立了多项处理个人信息的基本原则，对这部法律的实施具有重要的指导意义，个人信息保护法的基本原则主要涉及的是个人信息处理的基本准则，特别是在云环境和平台经济的背景下，很多新型和疑难的个人信息保护案件很难精准地适用具体相应的法律条款，但是个人信息处理的基本原则具有协调、漏洞补充的作用，对新型个人信息保护案件的适用将发挥重要作用。

《个人信息保护法》主要确立以下五项重要原则：一是遵循合法、正当、必要和诚信原则；二是采取对个人权益影响最小的方式，限于实现处理目的的最小范围原则；三是处理个人信息应当遵循公开、透明原则；四是处理个人信息应当保证个人信息质量原则；五是采取必要措施确保个人信息安全原则等。以上个人信息处理原则，如"遵循合法、正当、必要""应当遵循公开、透明原则"以及"保障个人信息安全"等原则在《全国人民代表大会常务委员会关于加强网络信息保护的决定》《中华人民共和国网络安全法》《中华人民共和国民法典》《中华人民共和国消费者权益保护法》等相关个人信息保护立法中均有规定，已经成为我国个人信息处理应遵循的通用规则。

任务拓展　信息素养的提升

从结绳记事到互联网，媒介演变正在降低信息传播的成本和难度。进入数字时代，很多知识内容通过短视频、问答、直播等形式传播，让受众有机会了解到更多有价值的信息，学习到更多新知识，激发起大众学习和思考的兴趣。

中国互联网络信息中心此前发布的报告显示，目前中国网民规模达 10.11 亿，其中短视频用户 8.88 亿，互联网应用和服务逐渐构建起数字社会中信息和知识传播的新形态。同时，碎片化、同质化、过度商业化等信息和知识也有所增加。专家表示，应促进传播媒介规范化发展，提升大众信息素养、知识素养和对数字社会的适应能力，树立正确的数字社会价值观和责任感。如何提升信息素养，可以从下面几个方面来做：一是提高工作主动性，不断强化信息意识，信息意识在信息素养中处于先导地位，要有效培养信息意识，须改变传统思想观念；二是树立学习理念，不断提升信息能力，其中包括信息的搜集获取能力、信息的分析判断能力、信息的加工处理能力、信息的应用表达能力；三是树立正确信息道德观，增强责任意识。

为什么要进行信息素养提升呢？第一，信息素养是"互联网 +"时代对社会人才的核心素养要求；第二，提升学生信息素养是高职教育适应信息化社会的必然要求；第三，良好的信息素养是促进高职学生全面发展的关键能力要求。那么学生应该怎么去做呢？可以从下面两个方面进行提升。

①知识普及是提升信息素养的基础。

相比传统的通过书本、文章等模式获取信息与知识，数字时代的知识传播正在呈现很多新特点：传播内容注重趣味性、通俗性、实用性，移动互联网时代的信息传播讲究短、平、快，要求相应的传播内容注重吸引受众"眼球"、激发获得感和情感共鸣。传播主体更多元，从普通大众到专家学者，再到专业机构加入创作者队伍，知识生产日益精益化。碎片化阅读的一个好处是激发受众的学习兴趣，因为学习系统化知识的前提往往是一些碎片化的、好玩的东西。

然而，任何技术都是一把双刃剑。伴随着知识创作的门槛降低，一些问题也在凸显。一些创作者在短视频中植入广告、直播带货，让视频内容给人的信任度大为降低；一些创作者过于依靠个人生活经验，知识可靠性不强，一些专业机构制作的内容则过于深奥，形式单一；有的创作者为了保持"热度"，发布的内容标准化、程式化，让受众容易产生审美疲劳……特别是伴随新一代数字化工具成长起来的青少年，他们拥有很大的信息技术优势，同时也表现出自我约束力弱、沉迷网络、不负责任地发布网络信息等问题。

在全民成为传播者的情况下，各种平台传播的知识、信息鱼龙混杂，需要受众去辨别。传播媒介越发达，越需要受众提升了解、判别知识和信息的能力。数字时代的知识普及是提升信息素养的基础，但知识提升和素养形成并不一定成正比，只有把知识内化为认识社会、进行社会化实践的能力，一个人的信息素养才能真正提升。

②做一个在信息社会终身学习的人。

一个阶段有一个阶段的传播媒介，任何充满影响力的技术创新都会逐渐创造出一种新的信息和知识传播环境。当数字技术深入影响公众精神生活，受众能否在信息和科技的环境中有效地学习，能否有效地利用信息，掌握基本的研究方法和学习技能，这些都是衡量信息素养水平的重要指标。

如今信息素养成为数字时代大众应必备思维和能力，大众需要知道在数字时代如何进行学习，知道知识的具体组织方式、信息的寻找方式和利用方式，知道如何为终身学习做好准备，并总能寻找到为做出决策所需的信息。因为受众需要先通过传播媒介获取足够的知识并逐步体系化，才能有更多思考的可能性。

对大众来说，要养成终身学习的习惯，对感兴趣的领域要有钻研精神，要逐步培养基于严密推理和科学探索的思考能力。因此，培养大众特别是青少年的信息素养十分紧迫，除了知识传播，专业机构、平台、创作者应承担相应的社会责任，让更多青少年正确认识信息的价值，学会利用信息、积累知识，并了解归纳、证伪、研究的方法论和价值观，培养求真的科学精神。

项目考核

1. 结合观看电影《搜索》，就如何做好个人信息保护，提升信息意识和信息能力写一篇观后感。

2. 围绕青年学生的信息素养现状开展一项调研，撰写一篇调研报告。

参考文献

[1] 眭碧霞 . 信息技术基础：WPS Office[M]. 2 版 . 北京：高等教育出版社，2021.

[2] 陈正振，肖英 . 信息技术 [M]. 北京：高等教育出版社，2021.

[3] 傅连仲，等 . 信息技术 (基础模块)(上册)[M]. 北京：电子工业出版社，2021.

[4] 胡钢 . 信息技术：拓展模块 [M]. 北京：人民邮电出版社，2022.

[5] 叶春晓 . 区块链 [M]. 重庆：重庆大学出版社，2021.

[6] 高泽华，孙文生 . 物联网：体系结构、协议标准与无线通信：RFID、NFC、LoRa、NB-IoT、WiFi、ZigBee 与 Bluetooth[M]. 北京：清华大学出版社，2020.

[7] 张小寒，罗玮，王成 . 信息技术 [M]. 北京：电子工业出版社，2022.